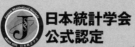

日本統計学会
公式認定

日本統計学会◉編

データに基づく数量的な思考力を測る全国統一試験

統計検定

3級・4級

公式問題集

CBT対応版

実務教育出版

まえがき

　昨今の目まぐるしく変化する世界情勢の中，日本全体のグローバル化とそれに対応した社会のイノベーションが重要視されている。イノベーションの達成には，あらたな課題を自ら発見し，その課題を解決する能力を有する人材育成が不可欠であり，課題を発見し，解決するための能力の一つとしてデータに基づく数量的な思考力，いわゆる統計的思考力が重要なスキルと位置づけられている。

　現代では，「統計的思考力（統計的なものの見方と統計分析の能力）」は市民レベルから研究者レベルまで，業種や職種を問わず必要とされている。実際に，多くの国々において統計的思考力の教育は重視され，組織的な取り組みのもとに，あらたな課題を発見し，解決する能力を有する人材が育成されている。我が国でも，初等教育・中等教育においては統計的思考力を重視する方向にあるが，中高生，大学生，職業人の各レベルに応じた体系的な統計教育はいまだ十分であるとは言えない。しかし，最近では統計学に関連するデータサイエンス学部を新設する大学も現れ，その重要性は少しずつ認識されてきた。現状では，初等教育・中等教育での統計教育の指導方法が未成熟であり，能力の評価方法も個々の教員に委ねられている。今後，さらに進むことが期待されている日本の小・中・高等学校および大学での統計教育の充実とともに，統計教育の質保証をより確実なものとすることが重要である。

　このような背景と問題意識の中，統計教育の質保証を確かなものとするために，日本統計学会は 2011 年より「統計検定」を実施している。現在，能力に応じた以下の「統計検定」を実施し，各能力の評価と認定を行っているが，着実に受験者が増加し，認知度もあがりつつある。

　「統計検定　公式問題集」の各書には，過去に実施した「統計検定」の実際の問題を掲載している。そのため，使用した資料やデータは検定を実施した時点のものである。また，問題の趣旨やその考え方を理解するために解答のみでなく解説を加えた。過去の問題を解くとともに，統計的思考力を確実なものとするために，併せて是非とも解説を読んでいただきたい。ただし，統計的思考では数学上の問題の解とは異なり，正しい考え方が必ずしも一通りとは限らないので，解説として説明した解法とは別に，他の考え方もあり得ることに注意いただきたい。

1 級	実社会の様々な分野でのデータ解析を遂行する統計専門力
準 1 級	統計学の活用力 ― 実社会の課題に対する適切な手法の活用力
2 級	大学基礎統計学の知識と問題解決力
3 級	データの分析において重要な概念を身につけ，身近な問題に活かす力
4 級	データや表・グラフ，確率に関する基本的な知識と具体的な文脈の中での活用力
統計調査士	統計に関する基本的知識と利活用
専門統計調査士	調査全般に関わる高度な専門的知識と利活用手法
データサイエンス基礎	具体的なデータセットをコンピュータ上に提示して，目的に応じて，解析手法を選択し，表計算ソフトExcelによるデータの前処理から解析の実践，出力から必要な情報を適切に読み取る一連の能力
データサイエンス発展	数理・データサイエンス教育強化拠点コンソーシアムのリテラシーレベルのモデルカリキュラムに準拠した内容
データサイエンスエキスパート	数理・データサイエンス教育強化拠点コンソーシアムの応用基礎レベルのモデルカリキュラムを含む内容

（「統計検定」に関する最新情報は統計検定のウェブサイトで確認されたい）

「統計検定 公式問題集」の各書は，「統計検定」の受験を考えている方だけでなく，統計に関心ある方や統計学の知識をより正確にしたいという方にも読んでいただくことを望むが，統計を学ぶにはそれぞれの級や統計調査士，専門統計調査士に応じた他の書物を併せて読まれることを勧めたい。

最後に，「統計検定 公式問題集」の各書を有効に利用され，多くの受験者がそれぞれの「統計検定」に合格されることを期待するとともに，日本統計学会は今後も統計学の発展と統計教育への貢献に努める所存である。

一般社団法人 日本統計学会

会 長 照井伸彦

理事長 川崎能典

（2024 年 1 月10日現在）

CONTENTS

CONTENTS

カバーデザイン●NONdesign 小島トシノブ
本文デザイン●蠣﨑　愛

PART 1 統計検定3級・4級受験ガイド

PART1では，統計検定の概要と3級・4級の受験ガイドをまとめている。CBT方式試験の画面表示例もついている。受験前にひととおり目を通し，基本事項を確認してほしい。

TOPIC 1 本書の構成について

本書は，統計検定3級・4級の出題範囲の問題を分野別に整理し，解説したものである。

まず，PART 1では，統計検定やCBT方式試験について概説し，試験範囲や試験実施に関わる事項について説明する。また，試験問題の出題形式の例や試験結果のレポートの例が示されている。

PART 2・PART 4では，統計検定3級・4級試験と同程度の難易度を持ち，実際の試験と同様な質問形式の問題を，下記TOPIC 4の出題範囲表に対応するよう分けて与えている。これらの問題に対する解答と若干の解説は，各問題の後半部分に与えられている。また，PART 1の最後にある【参考】には，実際のCBT方式試験画面表示に類似した問題例も与えられている。

さらにPART 3・PART 5では，実際の試験の半分程度に当たる問題数の模擬テスト問題が与えられている。出題分野や問題の難易度も実際の試験と同程度になっているので，この問題を実際の試験時間の約半分に当たる30分程度で解くことにより，実力のチェックが行えるようになっている。この模擬テスト問題に対する解答と解説は，PART 3・PART 5の後半部分に与えられている。

また，本書の最後の部分には，統計検定3級の範囲で使用する，標準正規分布に関わる統計数値表が与えられている。

TOPIC 2 統計検定とは

「統計検定」は，統計に関する知識や活用力を評価する全国統一試験である。

データに基づいて客観的に判断し，科学的に問題を解決する能力は，仕事や研究をするための21世紀型スキルとして国際社会で広く認められている。日本統計学会は，国際通用性のある統計活用能力の体系的な評価システムとして統計検定を開発し，さまざまな水準と内容で統計活用力を認定している。

統計検定は2011年に開始され，現在は次の種別が設けられている。

試験の種別	試験時間	受験料
統計検定 1 級	90 分（統計数理） 90 分（統計応用）	各 6,000 円 両方の場合 10,000 円
統計検定準 1 級	90 分	8,000 円
統計検定 2 級	90 分	7,000 円
統計検定 3 級	60 分	6,000 円
統計検定 4 級	60 分	5,000 円
統計検定 統計調査士	60 分	7,000 円
統計検定 専門統計調査士	90 分	10,000 円
統計検定 データサイエンス基礎	90 分	7,000 円
統計検定 データサイエンス発展	60 分	6,000 円
統計検定 データサイエンスエキスパート	90 分	8,000 円

　なお，統計検定の試験制度は年によって変更されることもあるので，統計検定のウェブサイト（https://www.toukei-kentei.jp/）で最新の情報を確認すること。

　統計検定 1 級以外は全て CBT 方式試験である。また，これらの種別には学割価格が設定されている。

TOPIC 3　CBT 方式試験とは

　コンピュータ上で実施する CBT（Computer Based Testing）方式の試験である。パソコンの画面に表示された問題に対する解答を，マウスやキーボードを用いて解答する。解答の際に，マウスで選択肢を選ぶ操作やキーボードで数字を入力する操作を行うので，これらの操作ができる程度のパソコンスキルが必要となる。

　CBT 方式試験は，従来から行われてきた紙媒体方式の試験と比較して，次のような利点がある。

① 時間帯や会場が選べる：日本全国の約 290 の会場で，都合のよい日時に受験が可能である。

② 学習計画が立てやすい：あなたの生活，行事に合わせた学習計画を立てられる。

③ 受験者の満足度が高い：試験終了直後に合否結果が判明するので，その後の計画が立てやすくなる。

統計検定 3 級・4 級の出題範囲

● 3 級試験内容

大学基礎統計学の知識として求められる統計活用力を評価し，認証するために検定を行う。

①　基本的な用語や概念の定義を問う問題（統計リテラシー）

②　不確実な事象の理解，2 つ以上の用語や概念の関連性を問う問題（統計的推論）

を出題する。

統計検定 3 級　出題範囲表

大項目	小項目	ねらい	項目（学習しておくべき用語）
データの種類	データの基礎知識	データのタイプの違いを理解し，それぞれのデータに適した処理法を理解する。	量的変数，質的変数，名義尺度，順序尺度，間隔尺度，比例尺度
標本調査	母集団と標本	標本調査の意味と必要性を理解し，標本の抽出方法や推定方法について説明することができる。	母集団，標本，全数調査，無作為抽出，標本の大きさ，乱数表，国勢調査
実験	実験の基本的な考え方	実験の意味と必要性を理解し，実験の基本的な考え方について，説明することができる。	実験研究，観察研究，処理群と対照群
統計グラフ	1 変数の基本的なグラフの見方・読み方	基本的な 1 変数の統計グラフを適切に解釈したり，自ら書いたりすることができる。	棒グラフ，折れ線グラフ，円グラフ，帯グラフ，積み上げ棒グラフ，レーダーチャート，バブルチャート，ローソク足
	2 変数の基本的なグラフの見方・読み方	基本的な 2 変数の統計グラフを適切に解釈したり，自ら書いたりすることができる。	モザイク図，散布図（相関図），複合グラフ
データの集計	1 変数データ	1 変数のデータを適切に集計表に記述すること，また集計表から適切に情報を読み取り，説明することができる。	度数分布表，度数，相対度数，累積度数，累積相対度数，階級，階級値，度数分布表からの統計量の求め方
	2 変数データ	2 変数のデータを適切にクロス集計表に記述すること，また集計表から適切に情報を読み取り，説明することができる。	クロス集計表（2 元の度数分布表）
時系列データ	時系列データの基本的な見方・読み方	時系列情報を持つデータをグラフや指標を用いて適切に表現し，それらの情報を適切に読み取ることができる。	時系列グラフ，指数（指標），移動平均
データの代表値	代表値とその利用法	数値を用いてデータの中心的位置を表現すること，またそれらを用いて適切にデータの特徴を説明することができる。	平均値，中央値，最頻値

データの散らばり	量的な1変数の散らばりの指標	データの散らばりを，指標を用いて把握し，説明することができる。	最小値，最大値，範囲，四分位数，四分位範囲，分散，標準偏差，偏差値，変動係数
	量的な2変数の散らばりの指標	量的な2つの変数の散らばりを指標から把握し，説明することができる。	共分散，相関係数
	散らばりのグラフ表現	データの散らばりをグラフ表現することを通して，散らばりの特徴を把握したり，グループ間の比較を行ったりすることができる。はずれた値の処理を考える。	ヒストグラム（柱状グラフ），累積相対度数グラフ，幹葉図，箱ひげ図，はずれ値
相関と回帰	相関と因果	相関関係と因果関係の区別ができる。	相関，擬相関，因果関係
	回帰直線	記述統計の範囲内での回帰分析の基本事項が理解できる。	最小二乗法，回帰係数，予測
確率	確率の基礎	確率の意味や基本的な法則を理解し，さまざまな事象の確率を求めたり，確率を用いて考察することができる。	独立な試行，条件付き確率
確率分布	確率変数と確率分布	確率変数の平均・分散・標準偏差等を用いて，基本的な確率分布の特徴が考察できる。	二項分布，正規分布，二項分布の正規近似
統計的な推測	母平均・母比率の標本分布・区間推定・仮説検定	標本分布の概念を理解し，区間推定と仮説検定に関する基本的な事項が理解できる。	標本平均・比率の標本分布，母平均・母比率の区間推定，母平均・母比率の仮説検定

● 4級試験内容

データと表やグラフ，確率に関する基本的な知識と具体的な文脈の中で求められる統計活用力を評価し，認証するために検定を行う。

① 基本的な用語や概念の定義を問う問題（統計リテラシー）

② 用語の基礎的な解釈や2つ以上の用語や概念の関連性を問う問題（統計的推論）

③ 具体的な文脈に基づいて統計の活用を問う問題（統計的思考）

を出題する。

統計検定4級　出題範囲表

大項目	小項目	ねらい	項目（学習しておくべき用語）
統計的問題解決の方法		目的に応じてデータを収集したり，適切な手法を選択したりするなどの，統計的な問題解決の方法を理解する。	PDCA（PPDAC）サイクル
データの種類		身近な内容のデータについて，その種類の違いを理解し，それぞれのデータに適した処理法を理解する。	量的データ，質的データ

標本調査		標本調査の必要性と意味を理解する。	母集団と標本，無作為抽出，世論調査
統計グラフ	基本的なグラフの見方・読み方	身の回りの課題について，グラフや表を活用して情報を整理できる。	ドットプロット，絵グラフ，棒グラフ，折れ線グラフ，円グラフ，帯グラフ，面グラフ，積み上げ棒グラフ，パレート図，複合グラフなど身近なグラフ
データの集計	度数分布表	データを適切に集計し，表に記述すること，また集計表から適切に情報を読み取り，説明することができる。	度数分布表，度数，相対度数，階級，階級値，階級幅，累積度数，累積相対度数，度数分布表からの統計量の求め方
データの集計	ヒストグラム（柱状グラフ）	度数分布表をもとにヒストグラムを描き，分布の違いを読み取ることができる。散らばりの特徴を把握したり，グループ間の比較を行ったりすることができる。	ヒストグラム（柱状グラフ），幹葉図，分布，裾が長い（裾を引く）分布，外れ値，山型の分布，単峰性と多峰性
データの要約	中心の位置を示す指標（代表値）	数値を用いてデータの中心的位置を表現すること，またそれらを用いて適切にデータの特徴を説明することができる。	平均値，中央値，最頻値
データの要約	分布の散らばりの尺度	最大値，最小値を求めてデータの散らばりを数値を用いて把握し，説明することができる。	最小値，最大値，範囲（レンジ）
データの要約	箱ひげ図	四分位範囲や箱ひげ図の必要性と意味を理解すること，またこれらを用いてデータの分布の傾向を読取ることができる。	四分位範囲，箱ひげ図
クロス集計表（2次元の度数分布表)		データを適切にクロス集計表に記述すること，また集計表から適切に情報を読み取り，説明することができる。	クロス集計表（2次元の度数分布表），行比率，列比率
時間的・空間的データ	時間的・空間的データの基本的な見方・読み方	時間的・空間的に変化するデータをグラフや指標を用いて適切に表現し，それらの情報を適切に読み取ることができる。	時系列データ，折れ線グラフ，増減率，指数，移動平均
確率の基礎		確率の意味や基本的な法則を理解し，基礎的な確率の計算や，確率を用いて不確定な事象の起こりやすさ，可能性の程度を説明することができる。	確率，樹形図

TOPIC 5　統計検定3級・4級の試験実施について

ここでは，統計検定3級・4級のCBT方式試験実施に関わる事項をまとめておく。

(A) 受験資格・併願について：各試験種別では，目標とする水準は定めているが，受験資格はなく，年齢・所属・経験等にかかわらず，誰でもどの種別でも受験できる。また，試験の時間が重ならなければ，異なる種別を同じ日に受験することも可能である。

(B) 受験日時・会場について：TOPIC 3で示したように，都合のよい日・時間帯に，都合のよい会場で受験することができる。

(C) 試験の申込みについて：試験会場に直接申し込む。この際，統計検定CBT方式試験を運営しているオデッセイ・コミュニケーションズのアカウントの登録（無料）が必要となるので，事前に登録を済ませておくこと。

(D) 試験の方法について：4〜5肢選択の形式で出題され，問題数は30問程度である。試験問題は，プールされている問題からコンピュータでランダムに出題されるので，試験回，個人ごとに問題は異なることになる。したがって，試験内容については，秘密保持に同意してもらう必要がある。合格水準は，3級が100点満点で65点以上，4級が100点満点中60点以上である。なお，電卓は四則演算（＋－×÷）や百分率（％），平方根（$\sqrt{\ }$）の計算ができる普通電卓（一般電卓）または事務用電卓を1台，試験会場に持ち込み可能である。また，計算用紙と筆記用具，解答に必要な統計数値表は試験会場で配布し，試験終了後に回収する。

(E) 2回目以降の受験は，前回の受験から7日以上経過することが必要である。

(F) 標準テキストについて：統計検定では，各種別に応じて標準テキストが用意されており，次のとおりである。

> 3級：改訂版　日本統計学会公式認定　統計検定3級対応「データの分析」
> （日本統計学会 編／定価：2,420円／東京図書）
> 4級：改訂版　日本統計学会公式認定　統計検定4級対応「データの活用」
> （日本統計学会 編／定価：2,200円／東京図書）

統計検定の標準テキスト

●1級対応テキスト

増訂版　日本統計学会公式認定　統計検定1級対応

統計学

日本統計学会 編
定価：3,520円
東京図書

●準1級対応テキスト

日本統計学会公式認定　統計検定準1級対応

統計学実践ワークブック

日本統計学会 編
定価：3,080円
学術図書出版社

●2級対応テキスト

改訂版　日本統計学会公式認定　統計検定2級対応

統計学基礎

日本統計学会 編　定価：2,420円　東京図書

●3級対応テキスト

改訂版　日本統計学会公式認定　統計検定3級対応

データの分析

日本統計学会 編　定価：2,420円　東京図書

●4級対応テキスト

改訂版　日本統計学会公式認定　統計検定4級対応

データの活用

日本統計学会 編　定価：2,200円　東京図書

PART 1　統計検定3級・4級　受験ガイド
PART 2　【3級】分野・項目別の問題・解説
PART 3　【3級】模擬テスト
PART 4　【4級】分野・項目別の問題・解説
PART 5　【4級】模擬テスト
APPENDIX　付表

TOPIC 6　CBT方式試験の出題形式の例および試験結果レポートについて

TOPIC 3で示したように，試験問題はコンピュータによってディスプレイ上に表示される。解答は，マウスやキーボードを用いて行う。

問題のタイプには，次のようなものがあるが，詳しくは次ページ以降の【参考】を参照のこと。

(a) 与えられたデータ，表，図等から，正しい数値や式を選択する問題

(b) データ，表，図等が与えられており，適切な選択肢を選ぶ問題

(c) データ，表，図等に関わる3つ程度の命題が与えられており，それらの正誤を判断する問題

(d) 問題文中の2～3箇所の空欄に当てはまる数値や用語の組合せを選択する問題

試験の合否は，試験後直ちにコンピュータによって判定され，「試験結果レポート」として提示される（以下の図参照）。レポートには，3つの試験分野別の正解率の情報も与えられているので，今後の受験の参考になるだろう。試験に合格した場合には，試験日から4～6週間後に「合格証」が送付される。

※表示例は3級のサンプル。4級もほぼ同形式。

REFERENCE 参考

実際のCBT方式試験の 画面表示例

　問題のタイプには，PART 1 の TOPIC 6 で与えた (a) ～ (d) のようなものがある。以下に，それぞれのタイプの問題例を与えておく。

統計検定3級

TYPE a 与えられたデータ，表，図等から， 正しい数値や式を選択する問題

モード	問題番号：XXXXX	セクション名：確率・確率分布・統計的な推測

表示サイズ 100%

統計検定3級

XX問目／全30問中　　　　　　　　　　　　　■あとで見直す

　大学のバスケットボールチームのメンバーであるD君はいつも練習終わりに7本のフリースローを行い，半数以上（4本以上）シュートを成功させることを目標としている。D君がフリースローを決める確率は，過去の実績から 0.7 である。このとき，目標（半数以上のシュートの成功）が達成できるかどうかが7本目を打つまでわからない状況となる確率はいくらか。次の①～⑤のうちから最も適切なものを一つ選べ。

前へ	確認画面	次へ	日本語入力 A

- ○ ① 0.03
- ○ ② 0.07
- ○ ③ 0.11
- ○ ④ 0.15
- ○ ⑤ 0.19

PART
1
統計検定3級・4級
受験ガイド

PART
2
「3級」分野・項目
別の問題・解説

PART
3
「3級」模擬テスト

PART
4
「4級」分野・項目
別の問題・解説

PART
5
「4級」模擬テスト

APPENDIX
付表

前へ　　　確認画面　　　次へ　　日本語入力 A

モード　　問題番号：XXXXX　　セクション名：データの種類・標本調査・実験・統計グラフ

統計検定3級

表示サイズ 100%

XX 問目／全 30 問中　　　　　　　　　　　　　　　■ あとで見直す

次の箱ひげ図は，1981 年度，1996 年度，2011 年度の 47 都道府県別 1 人
当たりの県民所得（単位：千円）のデータを表したものである。

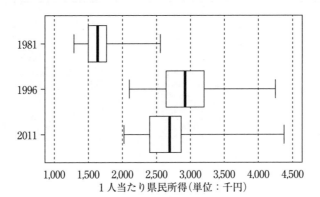

1 人当たり県民所得（単位：千円）

資料：内閣府「県民経済計算」

前へ　　　　　　確認画面　　　　　　次へ　　　日本語入力 A

この箱ひげ図から読み取れることとして，次の①～⑤のうちから最も適切なものを一つ選べ。

◯ ① 1981 年度の最大値は，1996 年度の最小値と同じ値になっている。

◯ ② 1981 年度と 2011 年度の範囲は同じ値になっている。

◯ ③ 1981 年度の四分位範囲は約 250（千円）である。

◯ ④ 1996 年度の平均値は約 2,922（千円）である。

◯ ⑤ 2011 年度の標準偏差は約 400（千円）である。

前へ　　　確認画面　　　次へ　　日本語入力 A

TYPE C

データ，表，図等に関わる３つ程度の命題が与えられており，それらの正誤を判断する問題

表示サイズ 100%

統計検定３級

平成 25 年の都道府県の人口と都道府県別の水陸稲（すいりくとう）の収穫量との関係を調べることにした。

各都道府県の人口と水陸稲の収穫量の散布図を作成したところ，次のようになった。また相関係数は − 0.06 であった。

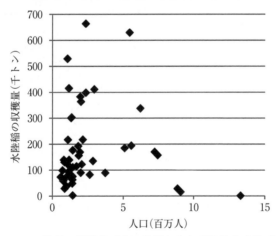

資料：総務省「人口推計」および農林水産省「作物統計」

このデータについて，次の I ～ III の記述を考えた。

> Ⅰ．都道府県別の人口と水陸稲の収穫量には負の強い相関がある。
>
> Ⅱ．散布図の縦軸と横軸を逆にすると相関係数は 0.06 になる。
>
> Ⅲ．人口が多ければ，水陸稲の収穫量が少ないという因果関係がいえる。

この記述Ⅰ～Ⅲに関して，次の①～⑤のうちから最も適切なものを一つ選べ。

◯　①　Ⅰのみ正しい。

◯　②　Ⅱのみ正しい。

◯　③　ⅠとⅢのみ正しい。

◯　④　ⅡとⅢのみ正しい。

◯　⑤　Ⅰ，Ⅱ，Ⅲはすべて正しくない。

前へ　　確認画面　　次へ　　日本語入力 A

TYPE d　問題文中の2～3箇所の空欄に当てはまる数値や用語の組合せを選択する問題

表示サイズ 100%

統計検定3級

XX問目／全30問中　　　　　　　　　　　　　　　　　　■あとで見直す

次のクロス集計表は，2種類の治療法（A法，B法）のどちらかを受けた被験者509人について，治療効果（改善, 非改善）の関係を示した表である。

治療法	治療効果		合計
	改　善	非改善	
A	109	125	234
B	148	127	275
合計	257	252	509

次の文は，治療全体での治療効果の比較について説明したものである。

「治療効果が改善となった割合は治療法Aで（ア）％，であり，治療法Bで（イ）％だった。したがって，治療によって改善した割合が大きいのは（ウ）である。」

この文章内の（ア）～（ウ）に入る数値または語の正しい組合せとして，次の①～⑤のうちから最も適切なものを一つ選べ。

○　①　（ア）53.8　　　（イ）46.6　　　（ウ）治療法 A

○　②　（ア）42.4　　　（イ）57.6　　　（ウ）治療法 B

○　③　（ア）46.6　　　（イ）53.8　　　（ウ）治療法 B

○　④　（ア）57.6　　　（イ）42.4　　　（ウ）治療法 A

○　⑤　（ア）53.4　　　（イ）46.2　　　（ウ）治療法 A

統計検定 4 級

 TYPE a 与えられたデータ，表，図等から，
正しい数値や式を選択する問題

表示サイズ 100%
統計検定4級

ある高校で，60 人の生徒について通学にかかる時間を調べたところ，次の度数分布表のようになった。

通学時間	人数
10 分以上 20 分未満	3
20 分以上 30 分未満	5
30 分以上 40 分未満	10
40 分以上 50 分未満	14
50 分以上 60 分未満	15
60 分以上 70 分未満	8
70 分以上 80 分未満	3
80 分以上 90 分未満	2
計	60

前へ　　　　確認画面　　　　次へ　　日本語入力 A

この度数分布表から求められる通学にかかる時間の平均値について，次の①〜⑤のうちから最も適切なものを一つ選べ。

- ① 度数分布表からは，平均値に近い値を求めることはできない。
- ② 38分
- ③ 43分
- ④ 48分
- ⑤ 53分

前へ　確認画面　次へ　日本語入力 A

データ，表，図等が与えられており，適切な選択肢を選ぶ問題

| モード | 問題番号：XXXXX | セクション名：データの種類・標本/実験調査・統計グラフの分野 |

統計検定4級

表示サイズ 100%

XX 問目／全 31 問中　　　　　　　　　　　　　　■ あとで見直す

ある学校での今学期の落とし物の種類について，件数の多い順の6種類と
その他に分けて表にした。

落とし物の種類	件数
タオル	42
ハンカチ	18
下じき	15
じょうぎ	15
家のかぎ	9
体操服	9
その他	15
合計	123

上の表を円グラフで表す場合，次の①～④のうちから最も適切なものを一
つ選べ。

  ①
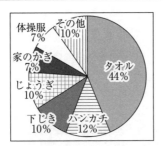

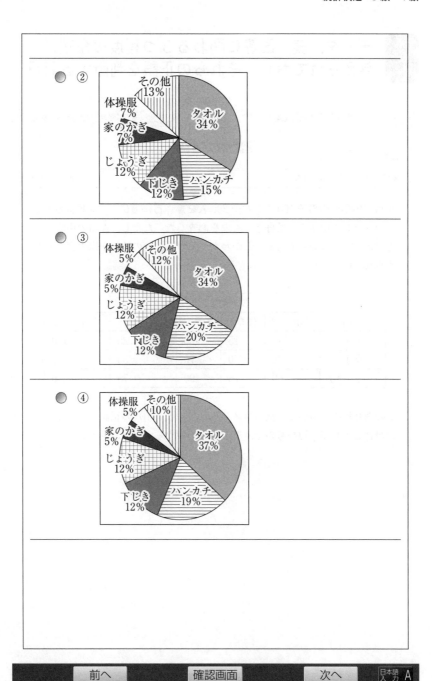

データ，表，図等に関わる3つ程度の命題が与えられており，それらの正誤を判断する問題

| モード | 問題番号：XXXXX | セクション名：箱ひげ図・クロス集計表・確率・時系列の分野 |

表示サイズ 100%

統計検定4級

XX問目／全31問中　　　　　　　　　　　　　　■あとで見直す

A市の中学生の男子100人と女子200人を無作為に選び，テレビ番組の4つのジャンル中から一番好きなものを調査した。ただし，A市の中学生の男女比は，ほぼ同じであることがわかっている。その結果が次の表にまとめられている。

性別	スポーツ	歌番組	ドラマ	バラエティ	合計（人）
	一番好きなジャンル				
男子	40	15	20	25	100
女子	20	60	70	50	200
合計（人）	60	75	90	75	300

この調査結果について，次のコメント（ア）と（イ）の正誤を○×で示した組合せとして適切なものを，下の①〜④のうちから一つ選べ。

前へ　　　　確認画面　　　　次へ　　　日本語入力 A

028

（ア）　女子で一番好きなテレビ番組のジャンルはドラマである。

（イ）　男子でスポーツを選んだ人の割合は，女子でドラマを選んだ割合より小さい。

○　①　（ア）○　　（イ）○

○　②　（ア）○　　（イ）×

○　③　（ア）×　　（イ）○

○　④　（ア）×　　（イ）×

前へ　　　　確認画面　　　　次へ　　　日本語入力 A

問題文中の2～3箇所の空欄に当てはまる数値や用語の組合せを選択する問題

TYPE d

表示サイズ 100%

統計検定4級

XX問目／全31問中　　　　　　　　　　　　　■あとで見直す

次のデータは，ある中学校1年生15人の右手の握力（kg）の記録である。

　41　22　20　34　21　18　24　48　29　31　34　20　36　16　26

次の文章における（A），（B），（C）に当てはまる語句の組合せとして，下の①〜⑤のうちから適切なものを一つ選べ。

「上のデータの（A）は26kg，（B）は28kg，（C）は32kgである。」

　　◉　①　（A）最頻値　　　（B）平均値　　　（C）範囲

　　◉　②　（A）平均値　　　（B）範囲　　　　（C）中央値

　　◉　③　（A）最頻値　　　（B）中央値　　　（C）平均値

　　◉　④　（A）中央値　　　（B）平均値　　　（C）範囲

　　◉　⑤　（A）中央値　　　（B）最頻値　　　（C）範囲

前へ　　　　　確認画面　　　　　次へ　　　日本語入力 A

PART 2 | [3級]分野・項目別の問題・解説

PART2 では，統計検定 3 級試験の出題範囲の分野・項目別に本試験と同程度の難易度の問題を掲載する。各問題の正解および解説をすぐに確認できるように構成している。出題範囲の確認と本試験のレベルを体感してほしい。

1 　データの種類

2 　標本調査

3 　実験

4 　統計グラフ

5 　データの集計

6 　時系列データ

7 　データの代表値

8 　データの散らばり

9 　相関と回帰

10 　確率

11 　確率分布

12 　統計的な推測

データの種類

問1 質的データの理解

　ある市でマラソン大会が開催され, 各ランナーについて次のデータが与えられた。質的変数はどれか。正しい組合せとして, 下の①〜⑤のうちから最も適切なものを一つ選べ。

---

a. ランナーを識別するために配布されたゼッケンの番号の下1桁の数
b. スタートからゴールまでのタイム
c. ランナーの血液型

---

① aのみ
② bのみ
③ aとcのみ
④ bとcのみ
⑤ aとbとc

問1の解説　　　　　　　　　　　　　　　　　正解　3

　与えられたデータから質的変数を選ぶ問題である。
a. ゼッケンの番号の下1桁の数は数字であるが, 各選手に0から9のいずれかが割り振られるカテゴリーなので, 質的変数である。
b. スタートからゴールまでのタイムは0以上の実数を取る数量なので, 量的変数である。
c. ランナーの血液型はA, B, O, AB型の4つのいずれかに分類されるカテゴリーなので, 質的変数である。
　以上から, aとcが質的変数なので, 正解は③である。

問2　量的・質的データの理解

次の項目は，財布について街角で調査したときの調査項目（変数）である。

> a. 財布の中に入っている硬貨・紙幣の合計金額
> b. 財布の色
> c. 財布の使用年数

これらの調査項目（変数）の説明として，次の①〜⑤のうちから適切なものを一つ選べ。

① aは質的変数，bとcは量的変数である。
② aは量的変数，bとcは質的変数である。
③ aとcは質的変数，bは量的変数である。
④ aとcは量的変数，bは質的変数である。
⑤ aとbとcはすべて質的変数である。

問2の解説　　　　　正解　4

　3つの変数について質的変数か量的変数かを問う問題である。
a．5,000円や1万円など数量で表されるので，量的変数である。
b．黒や茶などの色の種類で表されるので，質的変数である。
c．5年10年という数量で表されるので，量的変数である。
　以上から，aとcが量的変数でありbが質的変数なので，正解は④である。

問1 無作為抽出の理解

　ある食品会社は自社のある商品に対する嗜好調査を行うため，自社の会員から偏りなく対象者を選びアンケート調査を行うこととした。調査の方法として，次の①～⑤のうちから最も適切なものを一つ選べ。

① 会員番号順で最初の 100 人に対し郵送調査をする。

② 0〜9のうちから1つ数字を選び，会員番号の1の位がその選んだ数字である人に対し，郵送調査をする。

③ 自社のホームページの会員専用サイトによりアンケート調査を行う。

④ 1か月間，新規会員に対しアンケート調査を行う。

⑤ 平日の日中（13 時〜16 時）に電話によるアンケート調査を行う。

問1の解説

正解　2

　母集団の特徴と標本の特徴が同じになるように標本を選ぶ問題である。そのような選び方の基本は単純無作為抽出であり，母集団を構成している会員が同じ確率で抽出されることが保証されなければならない。

① ：適切でない。会員番号は一般的に会員になった順番となる。よって，会員番号順による最初の100人では，会員を募集し始めた頃の最初の100人に偏ってしまうので適切でない。

② ：適切である。会員番号の1の位が等しい人を標本とした場合，各会員が選ばれる確率は等しく，会員になった時期が異なるさまざまな人が対象となるので適切である。

③ ：適切でない。ホームページによるアンケートでは，対象者はネット環境が整っていて，普段からパソコンを使う人に偏ってしまうので適切でない。

④ ：適切でない。新規会員に限定してアンケートを取ると，長期間の会員（自社の商品を長い間購入している人）が含まれないため適切でない。

⑤ ：適切でない。平日の日中の電話アンケートでは，その時間帯に電話に対応できる人（主婦や高齢者等）に偏るので適切でない。

　よって，正解は②である。

共学の高校Aの2年生は10クラスあり，各クラスには40人ずつ，合計400人（男250人，女150人）の生徒がいる。高校Aの2年生でアルバイトをしている生徒の比率を調べるために，この学年において大きさ40の標本を抽出して調査する。

標本抽出の方法について，次の①〜⑤のうちから最も適切なものを一つ選べ。

① この学年の全生徒に1〜400の番号を付けた後，1〜400の中から異なる乱数を40個発生させ，その番号の生徒を選び調査を行う。

② 各クラス名を記載した紙を用意し，くじ引きで1枚引く。それに該当するクラス全員に調査する。

③ 各クラスの担任が推薦した男女2人ずつを選び，その生徒に調査を行う。

④ たまたま部員数が40人のクラブがあるので，そのクラブの生徒に調査を行う。

⑤ 1人をくじ引きで選び，その友人を紹介してもらう。この操作を続け，40人の生徒を選び，調査を行う。

問2の解説　　　正解 1

標本抽出についての理解を問う問題である。

①：正しい。単純無作為抽出法による標本抽出なので正しい。

②：誤り。この方法はクラスター抽出法とよばれる方法であり，各クラスに大きな違いがなければ問題はない。しかし一般に，高校のクラスは文系クラスや理系クラス，特進クラス等，クラスによって大きな違いがある場合が多く，そのようなケースではこの抽出法は適切でないので誤り。

③：誤り。担任の推薦では，生徒の選択に恣意的な要素が入ってしまうので誤り。

④：誤り。クラブによって大きな違いがある場合があるので誤り。

⑤：誤り。友人を紹介する点に恣意的な要素が入ってしまうので誤り。

よって，正解は①である。

問3　公的統計と全数調査の理解

　日本では国民の生活のさまざまな情報を収集するために，多くの調査が行われている。次の調査のうち全数調査はどれか。正しい組合せとして，下の①〜⑤のうちから最も適切なものを一つ選べ。

> a. 国勢調査
> b. 学校基本調査
> c. 家計調査

① a のみ
② b のみ
③ a と b のみ
④ b と c のみ
⑤ a と b と c

問3の解説　　　　　　　　　　　　　　　　　正解　3

　国が実施している基幹調査について，全数調査または標本調査であるかを正しく理解しているかを問う問題である。
a. 全数調査である。国勢調査は調査時において日本に在住している者すべてについて実施されるので全数調査である。
b. 全数調査である。学校基本調査は学校教育法で規定されている学校，市町村教育委員会すべてについて実施されているので全数調査である。
c. 標本調査である。家計調査は層化3段抽出法により世帯を選定し，1万弱の世帯に対して実施されているので標本調査である。
　以上から，a，b のみが全数調査なので，正解は③である。

問1　実験の基本的な考え方

　モーツアルトの音楽を聴くことで集中力を持続する時間が長くなる，という仮説を検証するために，40人の学生ボランティアを募集して実験を行った。まず，40人の学生ボランティアをAグループとBグループに分け，ある一定の時間に30個の単語を覚えてもらった。ただし，Aグループにはモーツアルトの音楽をかけた部屋で覚えてもらい，Bグループは静かな部屋で覚えてもらうことにする。そして，5分の休憩後に，指定された用紙に覚えている単語をできるだけ多く書いてもらった。この実験を行う際の注意点として，次のⅠ～Ⅲの記述を考えた。

> Ⅰ．男女間に違いがあることも考えて，AグループとBグループの男女の割合はできるだけ同じにするほうがよい。
> Ⅱ．AグループとBグループで単語を覚える時間はできる限り短く設定するほうがよい。
> Ⅲ．実験で利用する部屋は音楽のあるなしを除き，部屋の大きさなど可能な限り同じような条件で実施するほうがよい。

　この記述Ⅰ～Ⅲに関して，次の①～⑤のうちから最も適切なものを一つ選べ。

①　Ⅰのみ正しい。

②　Ⅱのみ正しい。

③　Ⅲのみ正しい。

④　ⅠとⅡのみ正しい。

⑤　ⅠとⅢのみ正しい。

問1の解説　　　　　　　　　　　　正解　5

　実験研究の考え方を問う問題である。

Ⅰ．正しい。実験に先立ち，結果に影響を及ぼすと考えられる要因について，グループ間で均等化を行うことは，実験結果に偏りを起こさないためにも重要である。したがって，この記述は適切である。

Ⅱ．誤り。この実験の仮説は「モーツアルトの音楽を聴くことで集中力を持続する時間が長くなる」である。これに対して，実験時間を短くしてしまうことは，この仮説を検証するための実験としては不適切である。

Ⅲ．正しい。実験環境を均一にすることは，他の要因の影響を受けにくいという点で重要である。したがって，この記述は適切である。

　以上から，記述のⅠとⅢが正しいので，正解は⑤である。

河口付近の湖でアオコが異常発生した問題を受け，アオコの発芽率に対する水温と塩分濃度の影響について実験した。この実験では，塩分濃度（0.30%，1.00%）と水温（15℃，20℃）を変えた試料A〜試料Dを用意し，それぞれの試料での発芽率を調べた。このときの実験結果が次の表である。

試料名	水温（℃）	塩分濃度（%）	発芽率（%）
試料A	15	0.30	36
試料B	15	1.00	40
試料C	20	0.30	82
試料D	20	1.00	80

　水温の影響をみるにはどの試料とどの試料を比較すればよいか，次の①〜⑤のうちから最も適切なものを一つ選べ。

① 試料Aと試料Bを比較する。
② 試料Aと試料Cを比較する。
③ 試料Aと試料Dを比較する。
④ 試料Bと試料Cを比較する。
⑤ 試料Cと試料Dを比較する。

問2の解説

　実験結果の理解について問う問題である。

　試料A，B，C，Dの比較の組合せは6種類ある。その中で水温の違いをみるには塩分濃度が同じであることが必要である。

①：誤り。試料Aと試料Bは水温が同じであり，違いは塩分濃度のみにあることから，水温による影響をみることはできないので誤り。

②：正しい。試料Aと試料Cは塩分濃度が同じであり，違いは水温のみにあることから，水温による影響をみることができるので正しい。同様に，試料Bと試料Dも塩分濃度が同じであり，違いは水温のみにあることから，比較することができる。

③：誤り。試料Aと試料Dは水温と塩分濃度の両方が異なることから，水温のみの影響をみることはできないので誤り。

④：誤り。試料Bと試料Cは水温と塩分濃度の両方が異なることから，水温のみの影響をみることはできないので誤り。

⑤：誤り。試料Cと試料Dは水温が同じであり，違いは塩分濃度のみにあることから，水温による影響をみることはできないので誤り。

　よって，正解は②である。

PART 1 統計検定3級・4級 受験ガイド

PART 2 「3級」分野・項目別の問題・解説

PART 3 「3級」模擬テスト

PART 4 「4級」分野・項目別の問題・解説

PART 5 「4級」模擬テスト

APPENDIX 付表

統計グラフ

問1　クロス集計表の可視化

　次のクロス集計表は，男女 200 人を対象に，1 日に摂取するサプリメントの種類数についてアンケート調査した結果である。

	摂取なし	1種類	2種類	3種類以上	合計
女性	45	18	24	18	105
男性	65	18	10	2	95
合計	110	36	34	20	200

　サプリメントの摂取種類数の男女別の構成割合を比較するためのグラフとして，次の①～⑤のうちから最も適切なものを一つ選べ。

① 棒グラフ
② 折れ線グラフ
③ 箱ひげ図
④ 散布図
⑤ 帯グラフ

問 1 の解説　　　　　　　　　　　　　　　　　　　正解　5

　クロス集計表の構成割合の比較のための適切なグラフを選択する問題である。

①：誤り。棒グラフは，主にカテゴリー度数の比較に適したグラフである。

②：誤り。折れ線グラフは，主に推移を表すグラフである。

③：誤り。箱ひげ図は，量的変数の散らばり具合を表すグラフである。構成割合の比較のためには使われない。

④：誤り。散布図は，2 変数の関係をみるためのグラフである。構成割合の比較のためには使われない。

⑤：正しい。帯グラフは，構成割合を比較するためのグラフである。男女別にサプリメントの摂取種類数の構成割合を比較するには帯グラフが最も適している。

　よって，正解は⑤である。

次のⅠ, Ⅱ, Ⅲは, データを統計グラフに表現する方法に関する記述である。

Ⅰ. 毎日の平均気温は質的データであるため, 折れ線グラフを用いて表す。

Ⅱ. A市の各月におけるごみの総量データは時系列の量的データであるため, 折れ線グラフを用いてごみの総量の推移を表す。

Ⅲ. B市における今年, 10年前, 20年前の3つの年における第1次, 第2次, 第3次産業の就業者の構成比率は時系列のデータであるため, 折れ線グラフを用いて表す。

この記述Ⅰ～Ⅲに関して, 次の①～⑤のうちから最も適切なものを一つ選べ。

① Ⅰの記述のみ正しい。
② Ⅱの記述のみ正しい。
③ Ⅲの記述のみ正しい。
④ Ⅰ, Ⅱの記述のみ正しい。
⑤ Ⅱ, Ⅲの記述のみ正しい。

問2の解説　　　　　　　　　　　　　　　　　　　　　　　　　正解　2

　データの種類とグラフ表現について問う問題である。

　Ⅰは，平均気温は量的なデータであるため誤りである。

　Ⅱは，ごみの総量は量的データであり，毎月の変化を調べることを目的としているため，折れ線グラフを用いることは適切である。

　Ⅲは，就業率の構成比率の比較を行うため，折れ線グラフよりも帯グラフ等を用いるのが一般的である。

　以上から②が最も適切である。

PART 1　統計検定3級・4級 受験ガイド

PART 2　[3級] 分野・項目 別の問題・解説

PART 3　[3級] 模擬テスト

PART 4　[4級] 分野・項目 別の問題・解説

PART 5　[4級] 模擬テスト

APPENDIX　付表

問3　箱ひげ図の読み取り

　次の箱ひげ図は，1981 年度，1996 年度，2011 年度の 47 都道府県別 1 人当たりの県民所得（単位：千円）のデータを表したものである。

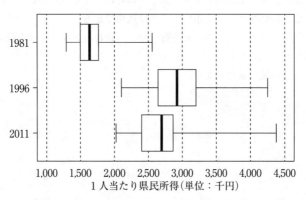

1 人当たり県民所得(単位：千円)

資料：内閣府「県民経済計算」

　この箱ひげ図から読み取れることとして，次の①〜⑤のうちから最も適切なものを一つ選べ。

① 1981 年度の最大値は，1996 年度の最小値と同じ値になっている。
② 1981 年度と 2011 年度の範囲は同じ値になっている。
③ 1981 年度の四分位範囲は約 250（千円）である。
④ 1996 年度の平均値は約 2,922（千円）である。
⑤ 2011 年度の標準偏差は約 400（千円）である。

問 3 の解説　　　　　　　　　　　　　　　　正解　3

与えられた箱ひげ図から情報を読み取り，解釈を行う問題である。

①：誤り。箱ひげ図では，ひげの右端が最大値，左端が最小値を表している。1981 年の箱ひげ図のひげの右端と 1996 年の箱ひげ図のひげの左端が同じ値でないので誤り。

②：誤り。範囲とは（最大値－最小値）で表される量であり，箱ひげ図ではひげの幅（左側のひげの左端から右側のひげの右端までの長さ）で表される。2011 年度の箱ひげ図のひげの幅は，1981 年度の箱ひげ図のひげの幅よりも広いので誤り（2011 年度の範囲のほうが 1981 年度の範囲よりも大きい）。

③：正しい。四分位範囲とは（第 3 四分位数－第 1 四分位数）で表される量であり，箱ひげ図では箱の幅で表される。1981 年度の第 1 四分位数は約 1,500 千円であり，第 3 四分位数は約 1,750 千円であることから，四分位範囲は $1750 - 1500 = 250$〔千円〕である。

④：誤り。箱ひげ図は，最小値，最大値，中央値，第 1 四分位数，第 3 四分位数で構成されており，平均値は用いられない。したがって，箱ひげ図から平均値を読み取ることができないので誤り。

⑤：誤り。箱ひげ図は，最小値，最大値，中央値，第 1 四分位数，第 3 四分位数で構成されており，標準偏差は用いられない。したがって，箱ひげ図から標準偏差を読み取ることができないので誤り。

よって，正解は③である。

次の積み上げ棒グラフは，平成 26 年に行われた国民健康・栄養調査をもとに，性別・年齢階級別の野菜摂取量（g / 日）の平均値を表したものである。

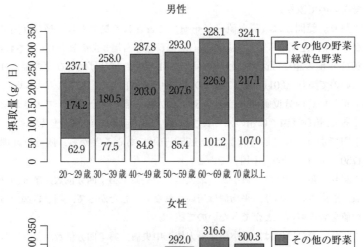

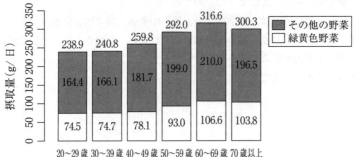

資料：厚生労働省「平成 26 年国民健康・栄養調査報告」

この積み上げ棒グラフから読み取れることとして，次の I 〜 III の記述を考えた。

Ⅰ. 男性は年齢階級が上がるごとに野菜摂取量に対する緑黄色野菜の摂取量の割合が上昇している傾向にある。

Ⅱ. 女性は 50 〜 59 歳の階級で急激に緑黄色野菜の摂取量が上昇していることから，女性はこの年代から健康に対する意識が向上すると考えられる。

Ⅲ. どの年齢階級においても女性のほうが男性よりも野菜摂取量に対する緑黄色野菜の摂取の割合は大きい。

この記述Ⅰ〜Ⅲに関して，次の①〜⑤のうちから最も適切なものを一つ選べ。

①　Ⅰのみ正しい。　　②　Ⅱのみ正しい。

③　Ⅲのみ正しい。　　④　ⅠとⅡのみ正しい。

⑤　ⅠとⅢのみ正しい。

問4の解説　　　　　　　　　　　　　　　　正解　3

　与えられた積み上げ棒グラフから情報を適切に読み取る問題である。

　このグラフから読み取れる男性と女性の野菜摂取量に対する緑黄色野菜の摂取量の割合は次のとおりである。

	20−29 歳	30−39 歳	40−49 歳	50−59 歳	60−69 歳	70歳以上
男性	0.265	0.300	0.295	0.291	0.308	0.330
女性	0.312	0.310	0.301	0.318	0.337	0.346

Ⅰ. 誤り。上記の表より，男性について年齢階級が上がるごとに野菜摂取量に対する緑黄色野菜の摂取量の割合が上昇しているとはいえないので誤り。

Ⅱ. 誤り。女性について 40 〜 49 歳の階級より，50 〜 59 歳の階級のほうが1日当たりの緑黄色野菜の摂取量が 14.9g 増加しているが，その原因が健康に対する意識の向上によるものなのかはわからないので誤り。

Ⅲ. 正しい。上記の表より，どの年齢階級においても女性のほうが男性よりも，野菜摂取量に対する緑黄色野菜の摂取量の割合は大きいので正しい。

　以上から，正しい記述はⅢのみなので，正解は③である。

次の箱ひげ図は，1981年度，1996年度，2011年度の47都道府県別1人当たりの県民所得（単位：千円）のデータを表したものである。

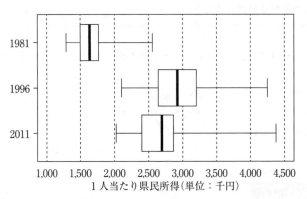

資料：内閣府「県民経済計算」

次の図は，1981年度，1996年度，2011年度の47都道府県別1人当たりの県民所得をヒストグラムに表したものである。目盛りは非表示としているが，すべて階級幅は100（千円）となっている。

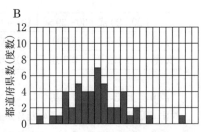

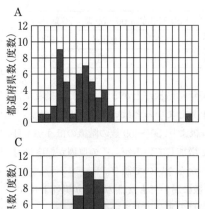

これら 3 つのヒストグラムにおける 1981 年度，1996 年度，2011 年度の組合せとして，次の①〜⑤のうちから最も適切なものを一つ選べ。

① 1981 年度：A 　　　 1996 年度：B 　　　 2011 年度：C
② 1981 年度：A 　　　 1996 年度：C 　　　 2011 年度：B
③ 1981 年度：B 　　　 1996 年度：C 　　　 2011 年度：A
④ 1981 年度：C 　　　 1996 年度：A 　　　 2011 年度：B
⑤ 1981 年度：C 　　　 1996 年度：B 　　　 2011 年度：A

問 5 の解説　　　　　　　　　　　　　　　　　　正解　5

　箱ひげ図の情報からそれに対応するヒストグラムを選ぶことができるかどうかを問う問題である。

　3 つの箱ひげ図のひげの幅（範囲）を比較すると，1981 年度の箱ひげ図のひげの幅が最も小さいことがわかる。ヒストグラムの目盛りより，範囲が最も小さいのは C であることから，C が 1981 年度のヒストグラムである。

　1996 年度の箱ひげ図で表される最小値（左側のひげの左端）から第 1 四分位数，中央値，第 3 四分位数までの長さは，2011 年度の各値よりも大きい。最小値を含む階級から第 1 四分位数（12 番目），中央値（24 番目），第 3 四分位数（36 番目）を含む階級までの距離は，ヒストグラム A よりもヒストグラム B のほうが大きい。したがって，1996 年度のヒストグラムは B であり，2011 年度のヒストグラムは A である。

　つまり，それぞれのヒストグラムは次の年度と対応する。

　　A：2011 年
　　B：1996 年
　　C：1981 年

　よって，正解は⑤である。

ある大学では，学生の朝食の摂取状況と生活様式の関係を把握するために学部生157人に対してアンケート調査を実施した。次のモザイク図（縦：生活様式，横：朝食の摂取状況）は，アンケート調査の結果を表している。ここで下宿生とは，親元を離れて暮らす大学生のことを表す。

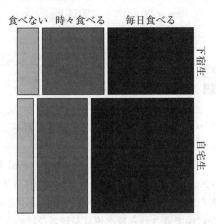

このモザイク図からわかることとして，次のⅠ～Ⅲの記述を考えた。

Ⅰ．自宅生のほうが下宿生よりも回答者が少ない。

Ⅱ．自宅生のうち「毎日食べる」と回答した割合のほうが，下宿生のうち「毎日食べる」と回答した割合よりも大きい。

Ⅲ．下宿生のうち「毎日食べる」と回答した割合のほうが，下宿生のうち「食べない」と回答した割合よりも大きい。

この記述Ⅰ～Ⅲに関して，次の①～⑤のうちから最も適切なものを一つ選べ。

① Ⅰのみ正しい。

② Ⅱのみ正しい。

③ Ⅲのみ正しい。

④ ⅠとⅡのみ正しい。

⑤ ⅡとⅢのみ正しい。

問6の解説　　　　　　　　　　　　　　　　　　　　　正解　5

与えられたモザイク図から度数および割合を読み取る問題である。

I．誤り。モザイク図の面積が度数を示すため，モザイク図の上部分の下宿生よりも下部分の自宅生の面積が大きくなっていることから，自宅生のほうが回答者が多いことがわかる。

II．正しい。モザイク図の横の長さが朝食の摂取状況の割合を示すため，上部分の下宿生よりも下部分の自宅生のほうが「毎日食べる」の横の長さが長くなっていることから，自宅生のうち「毎日食べる」と回答した割合のほうが大きい。

III．正しい。下宿生の回答の割合は上部分の面積で比較すればよい。「毎日食べる」が一番大きく，「食べない」が一番小さい。

以上から，IIとIIIのみが正しいので，正解は⑤である。

次のモザイク図は，高校生に対し，高校卒業後の進路の第一志望の分野（文系，理系，どちらでもない，まだ決まっていない）と，将来就きたい職業が決まっているかどうか（a：具体的に就きたい職業が決まっている，b：職業までは決まっていないが働きたい業界・分野のイメージはある，c：就きたい職業も働きたい業界・分野も決まっていない，d：そもそも働くイメージがない）を調査した結果である。

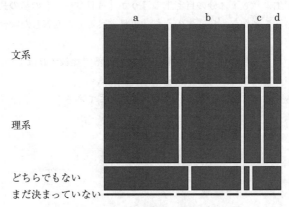

資料：マイナビ進学「高校生のライフスタイル・興味関心調査」

このモザイク図から読み取れることとして，次のⅠ～Ⅲの記述を考えた。

Ⅰ．高校卒業後の進路の第一志望のどの分野（文系，理系，どちらでもない，まだ決まっていない）でも，具体的に就きたい職業が決まっている人が最も多い。

Ⅱ．そもそも働くイメージがない人のうち，高校卒業後の進路の第一志望の分野で最も多いのは理系である。

Ⅲ．文系よりも理系を第一志望の分野とする人のほうが多い。

この記述Ⅰ～Ⅲに関して，次の①～⑤のうちから最も適切なものを一つ選べ。

①　Ⅰのみ正しい。
②　Ⅱのみ正しい。
③　Ⅲのみ正しい。
④　ⅠとⅡのみ正しい。
⑤　ⅡとⅢのみ正しい。

問7の解説　　　　　　　　　　　　　　　　　　　正解　5

　与えられたモザイク図から情報を適切に読み取る問題である。

Ⅰ．誤り。高校卒業後の進路の第一志望の分野が文系の人は，職業までは決まっていないが働きたい業界・分野のイメージはある人が最も多いので誤り。

Ⅱ．正しい。そもそも働くイメージがない人のうち，高校卒業後の進路の第一志望の分野ごとの面積を比較すると，理系の面積が最も大きいので正しい。

Ⅲ．正しい。文系と理系のモザイク図の高さを比較すると，理系のほうが高いので正しい。

　以上から，正しい記述はⅡとⅢのみなので，正解は⑤である。

構成割合を表すグラフ

次の表は，ある大学の科目「統計学」の履修者 145 人の成績評価A〜Dを男女別
に集計したものである。

(単位：人)

	A	B	C	D	合計
男性	15	24	33	15	87
女性	14	27	7	10	58
合計	29	51	40	25	145

男女別に成績の構成割合を比較するためのグラフとして，次の①〜⑤のうちから
最も適切なものを一つ選べ。

①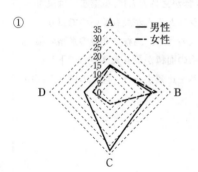

②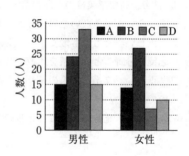

③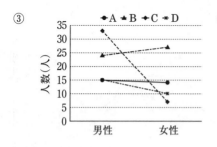

④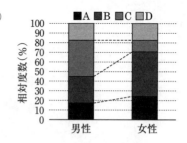

⑤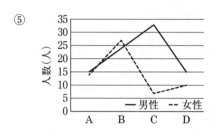

問8の解説　　　　　　　　　　　　　　正解　4

　成績の構成割合を男女間で比較するための適切なグラフを問う問題である。

①：誤り。このレーダーチャートは，男女別での成績ごとの学生の人数を示す図であるので誤り。人数ではなく相対度数（％）を示す場合は構成割合を比較することはできるが，帯グラフのほうがよりよい。

②：誤り。この棒グラフは，男女別での成績ごとの学生の人数を示す図であり，男女の人数の総数が異なり，構成割合を比較することはできないので誤り。縦軸が相対度数（％）の場合は構成割合を比較することはできるが，帯グラフのほうがよりよい。

③：誤り。このグラフは，男女別での成績ごとの学生の人数を表し，男女間で同じ成績のものを直線で結んでいるだけなので誤り。縦軸が相対度数（％）の場合は構成割合を比較することはできるが，帯グラフのほうがよりよい。

④：正しい。この帯グラフは，男女別に成績の構成割合を比較する図であるので正しい。構成割合を比較するには帯グラフが最もふさわしい。

⑤：誤り。この折れ線グラフは，成績別での男女ごとでの学生の人数を表しているだけなので誤り。

　よって，正解は④である。

CATEGORY 5 データの集計

問1 度数分布表の読み取り

　ある学級で日本の少子化について考えていたときに，その原因の一つとして結婚をする人が少なくなっているのではないかという意見が出された。そこで，2008年の婚姻率のデータ（総務省統計局）を調べた。婚姻率とは，人口 1,000 人当たりの婚姻件数として定義されている。47 都道府県の婚姻率の度数分布表とヒストグラムは次のようになった。また，岐阜県の婚姻率が中央値であることがわかった。

階級（件／千人）	度数
4.0 以上 4.5 未満	2
4.5 以上 5.0 未満	13
5.0 以上 5.5 未満	16
5.5 以上 6.0 未満	9
6.0 以上 6.5 未満	3
6.5 以上 7.0 未満	3
7.0 以上 7.5 未満	1
合計	47

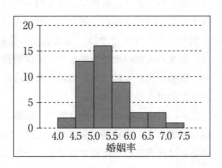

　このデータから読み取れる岐阜県の婚姻率に関する記述として，次の①〜④のうちから最も適切なものを一つ選べ。

① 　4.5 以上 5.0 未満の階級にある。

② 　5.0 以上 5.5 未満の階級にある。

③ 　4.5 以上 5.0 未満の階級あるいは 5.0 以上 5.5 未満の階級にあるが，どちらの階級にあるかはわからない。

④ 　岐阜県の婚姻率は 47 都道府県の平均婚姻率に等しい。

問1の解説

　度数分布表から中央値の属する階級を読み取る問題である。中央値は，小さいほうから24番目の値であるから，5.0以上5.5未満の階級にあることがわかり，②が正しい。

問2 累積相対度数と折れ線グラフ

次のグラフは，平成24年の世帯に関する3つの区分（高齢者世帯，児童のいる世帯，65歳以上の者のいる世帯）における年間所得金額の累積相対度数を表したものである。なお，「高齢者世帯」とは「65歳以上の者のみで構成するか，又はこれに18歳未満の未婚の者が加わった世帯」であり，「児童」とは「18歳未満の未婚の者」をいう。また，目盛りの100は100万円未満を示し，その他も同様である。

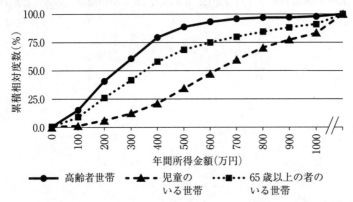

資料：厚生労働省「国民生活基礎調査」
注：福島県を除いたものである。

次のA〜Cは，3つの区分のいずれかの年間所得金額の相対度数（％）を表したものである。

階級 （単位：万円）	A	B	C
100 未満	8.9	1.4	14.8
100 以上　200 未満	16.8	4.4	25.5
200 以上　300 未満	15.9	6.6	20.2
300 以上　400 未満	16.1	8.9	19.1
400 以上　500 未満	10.9	13.3	9.2
500 以上　600 未満	6.8	12.9	4.7
600 以上　700 未満	4.6	12.1	1.8
700 以上　800 未満	4.3	10.7	1.5
800 以上　900 未満	3.7	7.1	0.6
900 以上　1000 未満	2.9	6.3	0.6
1000 以上	9.1	16.3	2.0

このとき3つの区分（高齢者世帯，児童のいる世帯，65歳以上の者のいる世帯）と相対度数（A，B，C）の組合せについて，次の①〜⑤のうちから適切なものを一つ選べ。

① 高齢者世帯：A　　児童のいる世帯：B　　65歳以上の者のいる世帯：C
② 高齢者世帯：B　　児童のいる世帯：A　　65歳以上の者のいる世帯：C
③ 高齢者世帯：B　　児童のいる世帯：C　　65歳以上の者のいる世帯：A
④ 高齢者世帯：C　　児童のいる世帯：A　　65歳以上の者のいる世帯：B
⑤ 高齢者世帯：C　　児童のいる世帯：B　　65歳以上の者のいる世帯：A

問2の解説　　　　　　　　　　正解　5

　累積相対度数のグラフから対応する度数分布表を選択できるかどうかを問う問題である。

　はじめに，累積相対度数のグラフよりわかることをまとめると次のようになる。

高齢者世帯：年間所得の低い世帯の割合が最も大きい。たとえば，年間所得が300万円未満の世帯の割合は，60％程度である。

児童のいる世帯：年間所得の低い世帯の割合が最も小さい。たとえば，年間所得が300万円未満の世帯の割合は，10％程度である。

65歳以上の者のいる世帯：年間所得は高齢者世帯と児童のいる世帯の間にある。たとえば，年間所得が300万円未満の世帯の割合は，40％程度である。

　度数分布表で同様に300万円未満の世帯の割合を調べると，Aは40％程度，Bは10％程度，Cは60％程度であるから，高齢者世帯はC，児童のいる世帯はB，65歳以上の者のいる世帯はAとなる。

　よって，正解は⑤である。

累積相対度数のグラフの読み取り

ある学校で16問のテストを行った。次の図は横軸に正答数を少ない順から0～16を1つ刻みで取り，縦軸にその数以下を正答した受験者の割合（累積相対度数）を棒状に表している。

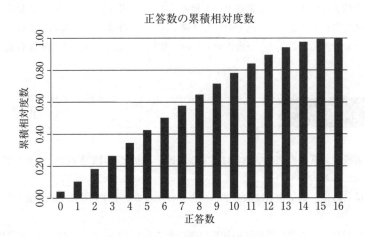

正答数の累積相対度数

このように，累積相対度数のグラフを用いる利点として，適切でないものを，次の①～⑤のうちから一つ選べ。

① 正答数の中央値をグラフから読み取ることができる。
② 正答数が8問以下の受験者の割合をグラフから読み取ることができる。
③ 正答数が5問以上10問以下の受験者の割合をグラフから読み取ることができる。
④ 正答数の平均値をグラフから読み取ることができる。
⑤ 上位20％に入った受験者は，何問以上正答したかをグラフから読み取ることができる。

問3の解説 正解 4

　累積相対度数のグラフの利点を理解しているかどうかを問う問題である。

①：正しい。中央値の値は，累積相対度数が初めて 0.5 を超える正答数をグラフから読み取ることで求めることができるので正しい。

②：正しい。正答数が 8 問以下の受験者の割合は，正答数が 8 問の棒の高さを読み取ることで求めることができるので正しい。

③：正しい。正答数が 5 問以上 10 問以下の受験生の割合は，正答数が 10 問の棒の高さから正答数が 4 問の棒の高さを引くことで求めることができるので正しい。

④：誤り。正答数の平均値については，累積相対度数のグラフから計算はできるが簡単には読み取ることはできないため，グラフを用いる利点としては誤り。

⑤：正しい。上位 20％ に入った受験者が何問以上正答したかは，棒の高さが初めて 0.80 を超える正答数をグラフから読み取ることでわかるので正しい。

以上から，正解は④である。

次の表は，平成23年に北九州市の各区内で生まれた子どもの数（単位：人）を出産時の母親の年齢階級ごとに示したものである。

	～19歳	20～24歳	25～29歳	30～34歳	35～39歳	40～44歳	45～49歳	合計
門司区	14	81	208	244	155	29	1	732
小倉北区	41	220	460	528	296	35	0	1,580
小倉南区	34	245	634	696	389	76	0	2,074
若松区	16	83	163	204	101	16	1	584
八幡東区	8	48	132	173	97	18	0	476
八幡西区	38	289	757	811	477	78	0	2,450
戸畑区	16	61	161	154	78	11	0	481
合計	167	1,027	2,515	2,810	1,593	263	2	8,377

資料：北九州市「平成25年度版衛生統計年報」

北九州市全体における門司区で生まれ，出産時の母親の年齢階級が20～24歳の子どもの数の割合はいくらか。次の①～⑤のうちから適切なものを一つ選べ。

① 81

② $\dfrac{81}{8377}$

③ $\dfrac{81}{732}$

④ $\dfrac{81}{1027}$

⑤ $\dfrac{81}{100}$

問4の解説　　　　　　　　　　　　　　　　　正解　2

　クロス集計表から条件に合う割合を計算する問題である。

　分母は北九州市全体のため 8,377 人，分子は門司区のうち 20 〜 24 歳のため

81 人となる。したがって，求める割合は，$\dfrac{81}{8377}$ となる。

　よって，正解は②である。

あるクラスで睡眠と成績の関係について話し合い，意見A「極度に眠いときは一度寝てから朝早起きして試験勉強したほうが点数が上がる」と意見B「極度に眠いときでも，納得するまで勉強してから寝たほうが点数が上がる」の2つがあった。そこで，次の期末試験のときに，これらの行動をとった人に対して，前回の試験との点数の変化について調査したところ，次の表のようになった。なお前回の試験の際には通常時の睡眠をとり，点数を上げるために睡眠のとり方を変える行動はしなかったと仮定する。

	前回より 上がった	前回と変わら なかった	前回より 下がった	合計
意見Aを実施した人	27	11	14	52
意見Bを実施した人	32	33	34	99

意見Aを実施した人のうち点数が上がった人の割合と意見Bを実施した人のうち点数が上がった人の割合の比として，次の①～⑤のうちから適切なものを一つ選べ。

① $27 : 32$

② $\dfrac{27}{52} : \dfrac{32}{99}$

③ $\dfrac{38}{52} : \dfrac{65}{99}$

④ $\dfrac{27}{59} : \dfrac{32}{59}$

⑤ $\dfrac{27}{151} : \dfrac{32}{151}$

PART
1
統計検定3級・4級
受験ガイド

PART
2
［3級］分野・項目
別の問題・解説

PART
3
［3級］模擬テスト

PART
4
［4級］分野・項目
別の問題・解説

PART
5
［4級］模擬テスト

APPENDIX
付表

問5の解説　　　　　　　　　　　　　　　正解　2

　この問題は，与えられたデータから適切な割合を求めることができるかどう
かを問う問題である。

　意見Aを実施した人（52人），意見Bを実施した人（99人）に分けておいて，
「意見Aを実施し，前回より上がった人数」と「意見Bを実施し，前回より上
がった人数」をそれぞれの合計で割って比を求める必要がある。よって，②が
正解である。

次のクロス集計表は，2種類の治療法（A法，B法）のどちらかを受けた被験者509人について，治療効果（改善，非改善）の関係を示した表である。

治療法	治療効果		合計
	改　善	非改善	
A	109	125	234
B	148	127	275
合計	257	252	509

次の文は，治療全体での治療効果の比較について説明したものである。

「治療効果が改善となった割合は治療法Aで（ア）%，であり，治療法Bで（イ）%だった。したがって，治療によって改善した割合が大きいのは（ウ）である。」

この文章内の（ア）〜（ウ）に入る数値または語の正しい組合せとして，次の①〜⑤のうちから最も適切なものを一つ選べ。

① （ア）53.8　　（イ）46.6　　（ウ）治療法A
② （ア）42.4　　（イ）57.6　　（ウ）治療法B
③ （ア）46.6　　（イ）53.8　　（ウ）治療法B
④ （ア）57.6　　（イ）42.4　　（ウ）治療法A
⑤ （ア）53.4　　（イ）46.2　　（ウ）治療法A

問6の解説　　　　　　　　　　　　　　　　　　　　　正解　3

　クロス集計表を比較し，その数値を適切に読み取れるかを問う問題である。

　治療法 A を 234 人が受けており，そのうち改善した被験者は 109 人いた。つまり，治療法 A において改善した被験者の割合は，$109 \div 234 = 0.4658 \cdots$ であり，約 46.6% となる。……（ア）

　同様に治療法 B を 275 人が受けており，そのうち改善した被験者は 148 人いた。つまり，治療法 B において改善した被験者の割合は，$148 \div 275 = 0.5381 \cdots$ であり，約 53.8% となる。……（イ）

　したがって，改善した被験者の割合が大きいのは治療法 B である。……（ウ）

　以上のことから，（ア）46.6，（イ）53.8，（ウ）治療法 B，となる。よって，正解は③である。

次のクロス集計表は，2種類の治療法（A法，B法）のどちらかを受けた被験者509人について，治療効果（改善，非改善）の関係を示した表と，被験者の年齢を65歳未満（276人）と65歳以上（233人）に分けてこの関係を示した表である。

被験者全体

治療法	治療効果		合計
	改　善	非改善	
A	109	125	234
B	148	127	275
合計	257	252	509

年齢が65歳未満

治療法	治療効果		合計
	改　善	非改善	
A	34	13	47
B	138	91	229
合計	172	104	276

年齢が65歳以上

治療法	治療効果		合計
	改　善	非改善	
A	75	112	187
B	10	36	46
合計	85	148	233

被験者の年齢を65歳未満と65歳以上でサブグループに分けたときのクロス集計表から読み取れることとして，次のⅠ～Ⅲの記述を考えた。

Ⅰ．年齢が65歳以上において，改善した被験者の88.2％が治療法Aであることから，年齢が65歳以上では治療法Aが推奨される。

Ⅱ．年齢が65歳未満において，（治療法Aの改善割合）−（治療法Bの改善割合）が12.1％であることから，年齢が65歳未満では治療法Aが推奨される。

Ⅲ．治療法Aにおいて，（年齢が65歳未満の改善割合）−（年齢が65歳以上の改善割合）が32.2％であることから，治療法Aは年齢が65歳未満のみに適用することが推奨される。

この記述Ⅰ～Ⅲに関して，次の①～⑤のうちから最も適切なものを一つ選べ。

① 　Ⅰのみ正しい。

② 　Ⅱのみ正しい。

③ 　ⅠとⅡのみ正しい。

④ 　ⅡとⅢのみ正しい。

⑤ 　Ⅰ，Ⅱ，Ⅲはすべて正しくない。

問7の解説　　　　　　　　　　　　　　　　　　正解　2

　2つのクロス集計表を比較し，その数値を適切に読み取れるかを問う問題である。グループに分けることによって，結果が変わるケースがあることも示しており，このことからも層別に分析することで，問題を深く分析することの重要さを示唆している。

　年齢の違いによるサブグループでの各クロス集計を検証すると，

　　年齢が65歳未満で改善した被験者の割合：

　　　治療法Aで$34 \div 47 = 0.7234 \cdots$，約72.3%

　　　治療法Bで$138 \div 229 = 0.6026 \cdots$，約60.3%

　　年齢が65歳以上で改善した被験者の割合：

　　　治療法Aで$75 \div 187 = 0.4010 \cdots$，約40.1%

　　　治療法Bで$10 \div 46 = 0.2173 \cdots$，約21.7%

である。

　つまり，年齢別に分けるとどちらのグループでも治療法Aがよく，全体での判断とは逆になる。このことを踏まえてⅠ～Ⅲの記述を考える。

Ⅰ．誤り。年齢が65歳以上の場合，改善した被験者のうち治療法Aを受けた被験者の割合は$75 \div 85 = 0.8823 \cdots$，約88.2%ではあるが，もともと治療法Aを受けた被験者が多いため，これだけで治療法Aがよいとは判断できないので誤り。

Ⅱ．正しい。治療法Aと治療法Bの改善した被験者の割合の差（$34 \div 47 - 138 \div 229 = 0.1207$，約12.1%），つまり大小関係をみて判断しているので正しい。パーセントの差は「（パーセント）ポイント」と表現することもある。

Ⅲ．誤り。治療法Aにおいて，年齢が65歳未満と65歳以上の改善した被験者の割合の差（$34 \div 47 - 75 \div 187 = 0.3223$，約32.2%）から65歳未満の

ほうの割合が大きいといえる。しかし，上述したように，65歳以上でも，治療法Bで改善した被験者の割合よりも治療法Aで改善した被験者の割合が大きいため，「治療法Aを年齢が65歳未満のみに適用することが推奨される」とはいい難いので誤り。

以上から，Ⅱのみが正しいため，正解は②である。

PART 1 統計検定3級・4級 受験ガイド

PART 2 ［3級］分野・項目 別の問題・解説

PART 3 ［3級］模擬テスト

PART 4 ［4級］分野・項目 別の問題・解説

PART 5 ［4級］模擬テスト

APPENDIX 付表

問8　クロス集計表からの割合計算

　次のクロス集計表は，男女200人を対象に，1日に摂取するサプリメントの種類数についてアンケート調査した結果である。

	摂取なし	1種類	2種類	3種類以上	合計
女性	45	18	24	18	105
男性	65	18	10	2	95
合計	110	36	34	20	200

　このアンケートにおいて，1日に少なくとも1種類以上のサプリメントを摂取する人に占める女性の割合を計算する式として，次の①～⑤のうちから適切なものを一つ選べ。

① $1 - \dfrac{45}{110}$

② $\dfrac{18 + 24 + 18}{115}$

③ $\dfrac{18 + 24 + 18}{200}$

④ $\dfrac{18 + 24 + 18}{36 + 34 + 20}$

⑤ $\dfrac{18}{36} + \dfrac{24}{34} + \dfrac{18}{20}$

問8の解説　　　　正解　4

　クロス集計表から割合を計算する問題である。

　表から1日に少なくとも1種類以上のサプリメントを摂取する人の数は，合計の行の「摂取なし」以外の和（36 + 34 + 20）となり，そのうち女性の数は，同様に女性の行の「摂取なし」以外の和（18 + 24 + 18）となる。したがって，求める割合は，$\dfrac{18 + 24 + 18}{36 + 34 + 20}$ となる。

　よって，正解は④である。

時系列データ

問1　変化率の算出

　次の表は，2009 年から 2014 年までの日本産酒類の輸出数量（kL）を品目ごと（ビール，清酒，リキュール，ウイスキー，しょうちゅう，その他（ボトルワイン等））にまとめたものである。

	2009 年	2010 年	2011 年	2012 年	2013 年	2014 年
ビール	20,925	23,978	31,078	38,380	46,512	55,672
清酒	11,949	13,770	14,022	14,131	16,202	16,316
リキュール	2,649	3,529	3,759	5,062	6,199	6,530
ウイスキー	1,191	1,369	1,684	1,926	2,757	3,842
しょうちゅう	2,093	2,389	2,106	2,781	2,656	2,423
その他（ボトルワイン等）	5,482	4,457	3,848	3,587	2,871	3,012
合計	44,289	49,492	56,497	65,867	77,197	87,795

資料：国税庁課税部酒税課「平成 27 年度 酒のしおり」

　各品目の 2009 年を基準にした 2014 年の輸出変化率を

$$\frac{（2014 \text{ 年の輸出数量}）-（2009 \text{ 年の輸出数量}）}{（2009 \text{ 年の輸出数量}）}$$

で表すとき，2014 年の輸出変化率が高い品目の順位として，次の①〜⑤のうちから最も適切なものを一つ選べ。

① 　1 位：ウイスキー　　　2 位：ビール　　　　3 位：リキュール
② 　1 位：ウイスキー　　　2 位：しょうちゅう　3 位：ビール
③ 　1 位：しょうちゅう　　2 位：清酒　　　　　3 位：リキュール
④ 　1 位：ビール　　　　　2 位：リキュール　　3 位：清酒
⑤ 　1 位：ビール　　　　　2 位：ウイスキー　　3 位：リキュール

問 1 の解説　　　　　　　　　　　　　　　　　　正解　1

　定義された変化率を計算し，比較する問題である。

　6 種類の品目それぞれの 2009 年を基準にした 2014 年の輸出変化率は以下のように計算される。

$$ビール：\frac{55672 - 20925}{20925} ≒ 1.66$$

$$清酒：\frac{16316 - 11949}{11949} ≒ 0.37$$

$$リキュール：\frac{6530 - 2649}{2649} ≒ 1.47$$

$$ウイスキー：\frac{3842 - 1191}{1191} ≒ 2.23$$

$$しょうちゅう：\frac{2423 - 2093}{2093} ≒ 0.16$$

$$その他（ボトルワイン等）：\frac{3012 - 5482}{5482} ≒ -0.45$$

以上から，輸出変化率の高い順は，

　　1 位：ウイスキー，2 位：ビール，3 位：リキュール

　　4 位：清酒，5 位：しょうちゅう，6 位：その他（ボトルワイン等）

である。

　よって，正解は①である。

次の折れ線グラフは，1993 年〜 2007 年までの新設住宅着工戸数（万戸）を表している。なお，新設住宅着工戸数とは，持家系住宅（持家，分譲住宅）着工戸数と借家系住宅（貸家，給与住宅）着工戸数の合計である。

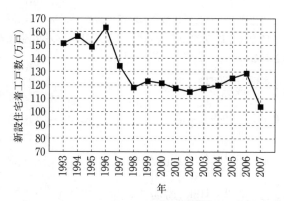

資料：国土交通省「平成 26 年度 住宅着工統計」

新設住宅着工戸数の減少の時期や度合いを検討するために，新設住宅着工戸数の前年比

$$\frac{(\text{ある年の新設住宅着工戸数}) - (\text{その前年の新設住宅着工戸数})}{(\text{その前年の新設住宅着工戸数})} \times 100 \text{〔％〕}$$

を考えることにした。前年比の推移を表したグラフとして，次の①〜⑤のうちから最も適切なものを一つ選べ。

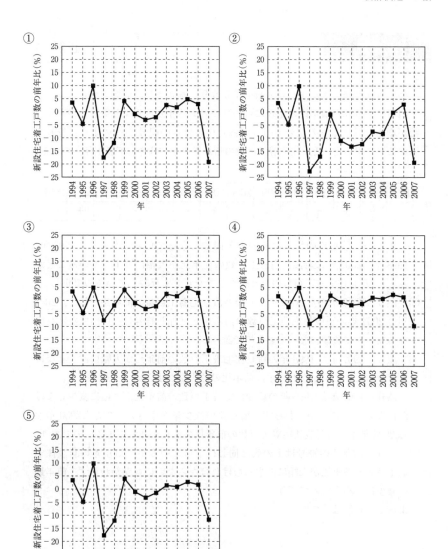

　与えられた統計グラフから情報を読み取り，解釈を行う問題である。

　問題に示された前年比の定義に合わせて，ある年が前年より新設住宅着工戸数が増えた場合は正の記号（＋），減った場合は負の記号（−）のように符号で示すことにすると，新設住宅着工戸数の折れ線グラフより，下表が与えられる。

1994	1995	1996	1997	1998	1999	2000	2001	2002	2003	2004	2005	2006	2007
＋	−	＋	−	−	＋	−	−	−	＋	＋	＋	＋	−

①：正しい。前年比の符号は上の表と同じになっている。さらに，1997年，1998年，2007年に新設住宅着工戸数の前年比が大幅に減少していることがみられ，新設住宅着工戸数の折れ線グラフを正しく反映しているので正しい。

②：誤り。2000年から2002年までの新設住宅着工戸数の前年比が低く，2003年と2004年の新設住宅着工戸数の前年比が増加し符号は（＋）でなければならないのに負値になっているので誤り。

③：誤り。1997年と1998年の新設住宅着工戸数の前年比が大幅に減少しなければならないにもかかわらず，前年比の減少量が小さいので誤り。

④：誤り。1997年と1998年の新設住宅着工戸数の前年比が大幅に減少しなければならないにもかかわらず，前年比の減少量が小さい。また，2000年から2006年までの新設住宅着工戸数の前年比の変化が非常に小さいので誤り。

⑤：誤り。前年比の符号は上の表と同じになっているが，2007年の新設住宅着工戸数の前年比が大幅に減少しなければならないにもかかわらず，前年比の減少量が小さいので誤り。

　よって，正解は①である。

PART
1
統計検定3級・4級
受験ガイド

PART
2
［3級］分野・項目
別の問題・解説

PART
3
［3級］模擬テスト

PART
4
［4級］分野・項目
別の問題・解説

PART
5
［4級］模擬テスト

APPENDIX
付表

問3　折れ線グラフの読み取り

　次の折れ線グラフは，平成25年度に全国の学校で行われた50m走とソフトボール投げの男女・年齢別の平均値のグラフである。

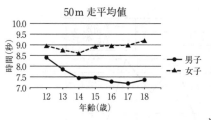

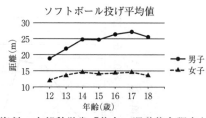

資料：文部科学省「体力・運動能力調査」

　12歳から18歳の男女の運動能力に関して，これらの折れ線グラフからわかることとして，次の①〜⑤のうちから最も適切なものを一つ選べ。

①　50m走は女子のほう，ソフトボール投げも女子のほうが記録がよい。

②　50m走は女子のほう，ソフトボール投げは男子のほうが記録がよい。

③　50m走は男子のほう，ソフトボール投げは女子のほうが記録がよい。

④　50m走は男子のほう，ソフトボール投げも男子のほうが記録がよい。

⑤　すべての年齢を通じて，男子または女子の一方の記録がよいとはいえない。

問3の解説　　　　　　　　　　　　　　　　　　　正解　4

　年齢による運動能力の推移を折れ線グラフから読み取る問題である。
　「12歳から18歳の男女の運動能力」とあるため，種目ごとに記録がよいことがどのような状況かを判断しなければならない。50m走平均値は縦軸の下にあるほどタイムが短くなるので記録がよく，ソフトボール投げ平均値は縦軸の上にあるほど投げる距離が長くなるので記録がよい。したがって，50m走はどの年齢においても「男子」のほうが縦軸の下にあるため記録がよく，ソフトボール投げにおいても「男子」のほうが縦軸の上にあるため記録がよい。
　よって，正解は④である。

次の折れ線グラフは，美術館 A と美術館 B の企画展における平成 18 年度から平成 27 年度までの年間入館者数の推移を表したものである。

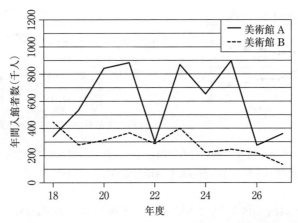

資料：国立美術館「国立美術館業務実績報告書」

年間入館者数の前年度比の折れ線グラフとして，次の①～⑤のうちから最も適切なものを一つ選べ。

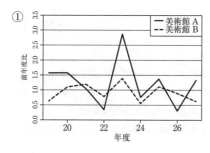

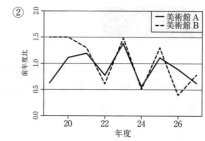

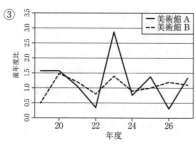

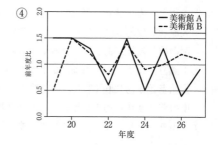

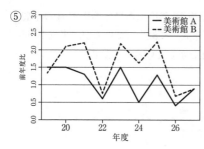

　与えられた折れ線グラフから適切な指数のグラフを選択する問題である。

　前年度より増加した場合は前年度比が 1.0 より大きく，減少した場合は 1.0 より小さい。このことに注意してそれぞれの値を検討するとよい。

①：正しい。与えられた折れ線グラフに基づく指数を適切に表しているので正しい。

②：誤り。たとえば，平成 18 年度から平成 19 年度にかけて美術館 A の年間入館者数は約 340（千人）から約 530（千人）に増加しているが，平成 19 年度の前年度比が約 0.6 となっており減少を示しているので誤り。

③：誤り。たとえば，平成 26 年度から平成 27 年度にかけて美術館 B の年間入館者数は約 220（千人）から約 140（千人）に減少しているが，平成 27 年度の前年度比が約 1.1 となっており増加を示しているので誤り。

④：誤り。たとえば，③と同様に，美術館 B の平成 27 年度の前年度比が約 1.1 となっているので誤り。

⑤：誤り。たとえば，平成 18 年度から平成 19 年度にかけて美術館 B の年間入館者数は約 440（千人）から約 290（千人）に減少しているが，平成 19 年度の前年度比が約 1.3 となっており増加を示しているので誤り。

　よって，正解は①である。

問5　移動平均の理解

　次の折れ線グラフは，2016 年 11 月 1 日からの営業日における日経平均株価（円）の変化を表したものである。

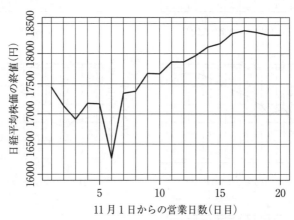

11 月 1 日からの営業日数(日目)

資料：日本経済新聞社「日経平均株価」

　この図の 6 日目のように，他の測定値と比較して大きく変化することがある場合には，当該日およびその前後の測定値から算出した「移動平均値」を使う場合がある。移動平均値は，当該日および前後数日の測定値から平均値を算出したものであり，n 項移動平均とは，n が奇数の場合，当該日およびその前の $(n-1)/2$ 日とその後の $(n-1)/2$ 日を加えた n 日分の平均値のことである。

　当該日および前後の 1 日を加え，3 日分の平均値（3 項移動平均値）を求めることとする。この移動平均値の折れ線グラフとして，次の①〜⑤のうちから最も適切なものを一つ選べ。

①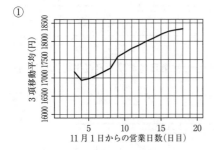

②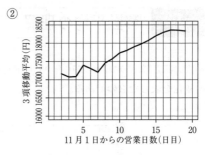

③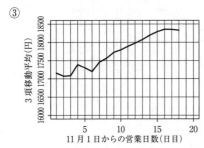

④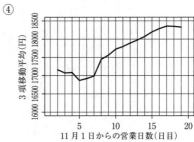

⑤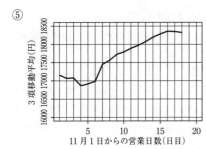

問5の解説

正解　4

　移動平均値についての理解を問う問題である。

　まず，移動平均値の定義から移動平均値が計算できない箇所の1日目が含まれている③，⑤と，移動平均値を計算すべき2日目が含まれていない①は誤りである。

　続いて，もとの折れ線グラフでは6日目に急激に下降しているので，5日目の移動平均値が上昇している②も誤りである。

　④は各日の移動平均値が正しく計算されている。これらをまとめると下のようになる。

①：誤り。移動平均値を計算すべき2日目が含まれていない。これは5項移動平均値を示した折れ線グラフである。

②：誤り。もとの折れ線グラフでは6日目に急激に下降しているが，5日目の移動平均値が4日目の移動平均値より上昇している。

③：誤り。移動平均値の定義から移動平均値が計算できない箇所の1日目が含まれている。誤りの②を1日ずらしたグラフである。

④：正しい。各日の移動平均値が正しく計算されている。

⑤：誤り。移動平均値の定義から移動平均値が計算できない箇所の1日目が含まれている。このグラフは，正しい④を1日ずらしたグラフである。

　よって，正解は④である。

データの代表値

度数分布表の読み取り

次の表は，平成 23 年に北九州市の各区内で生まれた子どもの数（単位：人）を出産時の母親の年齢階級ごとに示したものである。

	～ 19 歳	20 ～ 24 歳	25 ～ 29 歳	30 ～ 34 歳	35 ～ 39 歳	40 ～ 44 歳	45 ～ 49 歳	合計
門司区	14	81	208	244	155	29	1	732
小倉北区	41	220	460	528	296	35	0	1,580
小倉南区	34	245	634	696	389	76	0	2,074
若松区	16	83	163	204	101	16	1	584
八幡東区	8	48	132	173	97	18	0	476
八幡西区	38	289	757	811	477	78	0	2,450
戸畑区	16	61	161	154	78	11	0	481
合計	167	1,027	2,515	2,810	1,593	263	2	8,377

資料：北九州市「平成 25 年度版衛生統計年報」

門司区における年齢階級のデータにおいて，最頻値はいくらか。次の①～⑤のうちから最も適切なものを一つ選べ。

① 22 歳

② 27 歳

③ 32 歳

④ 37 歳

⑤ 42 歳

PART
1
統計検定3級・4級
受験ガイド

PART
2
[3級]分野・項目
別の問題・解説

PART
3
[3級]模擬テスト

PART
4
[4級]分野・項目
別の問題・解説

PART
5
[4級]模擬テスト

APPENDIX
付表

問1の解説

正解　3

　クロス集計表から最頻値を読み取る知識を問う問題である。

　最頻値は最も度数の大きい階級の階級値を読み取ればよい。門司区の行の中から度数の一番大きい階級は 30 〜 34 歳の階級値である。これより階級値である最頻値は 32 歳であることがわかる。

　よって，正解は③である。

度数分布表の読み取り

　携帯電話やスマートフォンの利用状況を調査するために，ある県の 100 人の高校生を対象に 1 日当たりの携帯電話やスマートフォンの利用時間（単位：時間）を調査した。次の表は，調査結果の度数分布表である。

階級（単位：時間）		度数	相対度数
	1 時間未満	8	0.08
1 時間以上	2 時間未満	20	0.20
2 時間以上	3 時間未満	18	0.18
3 時間以上	4 時間未満	17	0.17
4 時間以上	5 時間未満	10	0.10
5 時間以上	6 時間未満	9	0.09
6 時間以上	7 時間未満	7	0.07
7 時間以上	8 時間未満	5	0.05
8 時間以上	9 時間未満	3	0.03
9 時間以上	10 時間未満	3	0.03
	合計	100	1.00

　このデータの平均値，中央値，最頻値について，次の①〜⑤のうちから最も適切なものを一つ選べ。

① 平均値 $= 3.7$，中央値 $= 2.5$，最頻値 $= 1.5$
② 平均値 $= 3.7$，中央値 $= 2.5$，最頻値 $= 2.5$
③ 平均値 $= 3.7$，中央値 $= 3.5$，最頻値 $= 1.5$
④ 平均値 $= 5.5$，中央値 $= 3.5$，最頻値 $= 2.5$
⑤ 平均値 $= 5.5$，中央値 $= 3.5$，最頻値 $= 1.5$

問2の解説

与えられた度数分布表より平均値, 中央値および最頻値を求める問題である。
与えられた度数分布表より, 累積相対度数を求めると, 次の表のようになる。

階級（単位：時間）		度数	相対度数	累積相対度数
	1 時間未満	8	0.08	0.08
1 時間以上	2 時間未満	20	0.20	0.28
2 時間以上	3 時間未満	18	0.18	0.46
3 時間以上	4 時間未満	17	0.17	0.63
4 時間以上	5 時間未満	10	0.10	0.73
5 時間以上	6 時間未満	9	0.09	0.82
6 時間以上	7 時間未満	7	0.07	0.89
7 時間以上	8 時間未満	5	0.05	0.94
8 時間以上	9 時間未満	3	0.03	0.97
9 時間以上	10 時間未満	3	0.03	1.00

平均値は, 各階級に含まれる観測値はすべて階級値に等しいと仮定して次のように計算される。

$$\frac{0.5 \times 8 + 1.5 \times 20 + \cdots + 8.5 \times 3 + 9.5 \times 3}{100} = 3.7$$

「2 時間以上　3 時間未満」までの累積相対度数は 0.46 で「3 時間以上　4 時間未満」までの累積相対度数は 0.63 であるので, 中央値は「3 時間以上　4 時間未満」の階級値 3.5 である。

また, 最頻値は度数の最も大きい「1 時間以上　2 時間未満」の階級値 1.5 である。

よって, 正解は③である。

　幹葉図の読み取り

あるクラスの 100 点満点の数学の試験の結果を幹葉図で表すと，次のようになった。

十の位	一の位
5	0 4 5 7
6	0 0 2 2 4
7	0 2 2 4 5 5 8
8	0 0 5
9	5

このクラスの数学の試験の中央値として，次の①〜⑤のうちから適切なものを一つ選べ。

① 63

② 64

③ 67

④ 69

⑤ 71

問3の解説　　　　　　　　　　　　　　　正解　⑤

　幹葉図の意味を理解し，代表値の計算を行う問題である。
　中央値は小さい順に並べたときにちょうど真ん中に位置する値である。このクラスは 20 人いるので，10 番目の値 70 と 11 番目の値 72 の平均

　　$(70 + 72) \div 2 = 71$

が中央値になる。よって，正解は⑤である。

PART 1　統計検定3級・4級 受験ガイド

PART 2　[3級] 分野・項目 別の問題・解説

PART 3　[3級] 模擬テスト

PART 4　[4級] 分野・項目 別の問題・解説

PART 5　[4級] 模擬テスト

APPENDIX　付表

問4　棒グラフの読み取り

　次の棒グラフは，平成17年における世帯人員別一般世帯数の割合（％）を示したものである。

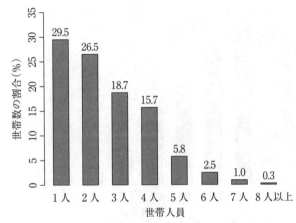

資料：総務省「平成17年国勢調査」

　世帯人員の中央値として，次の①～⑤のうちから適切なものを一つ選べ。

① 1人　　② 2人　　③ 3人

④ 4人　　⑤ 5人

問4の解説

正解　2

　この問題は，棒グラフで与えられたデータを解釈したり，この棒グラフから中央値を計算できるかどうかを問う問題である。
　中央値は，データの値を小さい（または大きい）ものから順番に並べたときに真ん中に位置する値である。このことから小さいほうのカテゴリーから割合（％）を累積したときに50％を含むカテゴリーで中央値を取ることがわかる。1人と2人を合わせると56％となり，50％を超える。よって，正解は②である。

次の棒グラフは，平成17年における世帯人員別一般世帯数の割合（％）を示したものである。

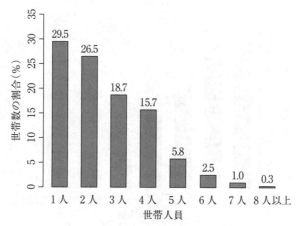

資料：総務省「平成17年国勢調査」

上の棒グラフから平均値を求める記述として，次の①～⑤のうちから最も適切なものを一つ選べ。ただし，ここでは8人以上は8人として計算する。

① 平均値は，（世帯人員数×割合×0.01）の和で計算する。この場合，棒グラフによる平均値は，実際の平均値よりも大きくはならない。

② 平均値は，（世帯人員数×割合×0.01）の和で計算する。この場合，棒グラフによる平均値は，実際の平均値よりも小さくはならない。

③ 平均値は，（世帯人員数×割合×0.01）の和で計算する。この場合，棒グラフによる平均値は，実際の平均値と必ず一致する。

④ 平均値は，（世帯人員数×割合×0.01）の和を階級の数8で割る。この場合，棒グラフによる平均値は，実際の平均値よりも大きくはならない。

⑤ 平均値は，（世帯人員数×割合×0.01）の和を階級の数8で割る。この場合，棒グラフによる平均値は，実際の平均値よりも小さくはならない。

問5の解説　　　　　　　　　　　　　　　　　正解　1

　この問題は，棒グラフから求める平均値の計算方法を理解し，その結果を解釈できるかどうかを問う問題である。

　棒グラフには，それぞれの割合しか提示されていない。そのため，割合を使って平均を求める必要がある。ただし，ここでは「8 人以上」のカテゴリーがあるので，それを 8 人として計算することにすると，平均の計算は

　　世帯人員数 × 割合 ×0.01

で求めればよい。しかし，8 人以上のカテゴリーを 8 人で計算しているので，この平均は少なめに計算していることになるから，実際の平均より小さくなるか，または一致することがわかる（9 人以上の割合が極めて小さい場合は，平均の値はほとんど変わらない）。②は「平均よりも小さくはならない」という部分が誤り。③は「平均値と必ず一致する」という部分が誤り。④，⑤は，平均の計算の際に階級の数で割っている部分が誤りである。よって，①が最も適切である。

データの散らばり

問1　分散の特徴理解

次の3組のデータのうち，分散が等しい組合せとして，次の①〜⑤のうちから適切なものを一つ選べ。

データA：2, 4, 6, 8, 10, 12, 14, 16, 18
データB：4, 8, 12, 16, 20, 24, 28, 32, 36
データC：12, 14, 16, 18, 20, 22, 24, 26, 28

①　データAとデータB
②　データAとデータC
③　データBとデータC
④　3つとも等しい
⑤　すべて異なる

問1の解説　　　　　　　　　　　　　　　　　正解　2

分散の性質について問う問題である。3組のデータを見比べると，データA を2倍するとデータBとなり，データAに10を加えるとデータCとなることが読み取れる。分散には，各値を a 倍すると a^2 倍となるが，各値に b を加えても変化しないという性質がある。よって，データAとデータCの分散が等しいことがわかる。以上より，②が適切な組合せである。

PART 1 統計検定3級・4級 受験ガイド

PART 2 ［3級］分野・項目 別の問題・解説

PART 3 ［3級］模擬テスト

PART 4 ［4級］分野・項目 別の問題・解説

PART 5 ［4級］模擬テスト

APPENDIX 付表

問2　変数変換による平均値と標準偏差の変化

　ある学校で 100 点満点の数学のテストを実施したところ，その結果は平均値 46（点），標準偏差 9（点）であった。

　このテストの全員の点数に 5 点を加えることとした。その際，100 点を超えた人はいないものとする。このときの平均値と標準偏差の正しい組合せとして，次の①〜⑤のうちから適切なものを一つ選べ。

① 　平均値：46　　　　標準偏差：11.5
② 　平均値：51　　　　標準偏差：14
③ 　平均値：46　　　　標準偏差：14
④ 　平均値：51　　　　標準偏差：9
⑤ 　平均値：51　　　　標準偏差：11.5

問2の解説　　　　　　　　　　　　　　　　　正解　④

　変数に一定の値を加えた場合に，与えられた平均，標準偏差がどのように変換されるかを問う問題である。

　全員の点数 $x_1, \ldots, x_n$ に対する平均点を $\bar{x} \left(= \dfrac{1}{n} \displaystyle\sum_{i=1}^{n} x_i \right)$，標準偏差を $s \left(= \sqrt{\dfrac{1}{n} \displaystyle\sum_{i=1}^{n} (x_i - \bar{x})^2} \right)$ とする。全員の点数に 5 点を加えると，その平均は $\dfrac{1}{n} \displaystyle\sum_{i=1}^{n} (x_i + 5) = \bar{x} + 5$ と 5 点増加する。一方，標準偏差は $\sqrt{\dfrac{1}{n} \displaystyle\sum_{i=1}^{n} \{(x_i + 5) - (\bar{x} + 5)\}^2} = s$ となり変化しない。したがって，平均値は $46 + 5 = 51$，標準偏差は 9 となる。よって，正解は④である。

度数分布表と統計量の理解

次の散布図は，ある高校における 132 人の数学の中間テストと期末テストの結果（単位：点）のデータを表したものである。ただし，この散布図では 4 つの点で 2 人分の重なりがあり，他の点では重なりはない。

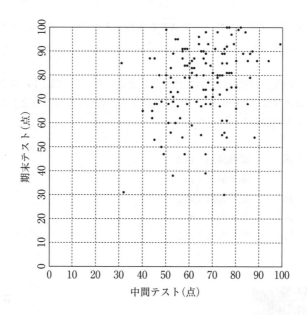

また，次の表A，Bは，中間テストと期末テストのいずれかのデータを度数分布表に集計したものである。

表 A

区間（点）	度数	累積度数	累積相対度数
0 ～ 10	0	0	0.00
11 ～ 20	0	0	0.00
21 ～ 30	1	1	0.01
31 ～ 40	3	4	0.03
41 ～ 50	5	9	0.07
51 ～ 60	11	20	0.15
61 ～ 70	21	41	0.31
71 ～ 80	32	73	0.55
81 ～ 90	37	110	0.83
91 ～ 100	22	132	1.00

表 B

区間（点）	度数	累積度数	累積相対度数
0 ～ 10	0	0	0.00
11 ～ 20	0	0	0.00
21 ～ 30	0	0	0.00
31 ～ 40	3	3	0.02
41 ～ 50	16	19	0.14
51 ～ 60	30	49	0.37
61 ～ 70	36	85	0.64
71 ～ 80	34	119	0.90
81 ～ 90	11	130	0.98
91 ～ 100	2	132	1.00

度数分布表A，Bと中間テスト，期末テストの組合せ，またそれぞれのテストの中央値の階級として，次の①～⑤のうちから適切なものを一つ選べ。

① A：中間テスト，中央値の階級：61 ～ 70 点
　 B：期末テスト，中央値の階級：51 ～ 60 点
② A：中間テスト，中央値の階級：71 ～ 80 点
　 B：期末テスト，中央値の階級：61 ～ 70 点
③ A：期末テスト，中央値の階級：71 ～ 80 点
　 B：中間テスト，中央値の階級：61 ～ 70 点
④ A：期末テスト，中央値の階級：61 ～ 70 点
　 B：中間テスト，中央値の階級：71 ～ 80 点
⑤ A：期末テスト，中央値の階級：71 ～ 80 点
　 B：中間テスト，中央値の階級：51 ～ 60 点

　与えられた散布図に対応する度数分布表を選び，中央値の階級を読み取る問題である。

　散布図より30点以下のデータを含む期末テストの度数分布表が表Aであることがわかる。このデータにおいて中央値は66番目と67番目の平均値であり，期末テストの表Aにおいては，累積相対度数が初めて0.5を超える階級71〜80点，中間テストの表Bにおいては累積相対度数が初めて0.5を超える階級61〜70点が中央値の階級となる。

　よって，正解は③である。

問4　偏差値の理解

　あるクラスにおいて，理科Aと理科Bの2科目のマークシート方式の試験（それぞれ100点満点）が行われた。C君は理科Aと理科Bのマークシートを取り違えてしまい，その結果として理科Aは30点であった。

　このクラスの理科Aの平均は80点，標準偏差は10点であった。このクラスの理科Aの偏差値についての次のⅠ〜Ⅲの記述に関して，下の①〜⑤のうちから最も適切なものを一つ選べ。

Ⅰ．C君の理科Aの偏差値は0であった。
Ⅱ．理科Aの試験において，偏差値が100を超える生徒がいた。
Ⅲ．理科Aの試験において，ほとんどすべての生徒の偏差値は50未満であった。

①　Ⅰのみ正しい。　　　②　Ⅱのみ正しい。　　　③　Ⅲのみ正しい。
④　ⅠとⅡのみ正しい。　　⑤　ⅡとⅢのみ正しい。

問4の解説　　　　　　　　　　　　　　　　正解　1

　与えられた平均と標準偏差から偏差値を求める問題である。
　偏差値は，平均50，標準偏差10とした指標であるため，偏差値0は，平均よりも標準偏差の5倍小さい点数，偏差値100は，平均よりも標準偏差の5倍大きい点数となる。
Ⅰ．正しい。平均の80点よりも，標準偏差の5倍（50点）小さい点数は30点であるので正しい。
Ⅱ．誤り。平均の80点よりも，標準偏差の5倍（50点）大きい点数は130点であり，100点満点のテストのためあり得ないので誤り。
Ⅲ．誤り。偏差値が50未満の生徒はおおむね半数であり，ほとんどすべての生徒の偏差値が50未満となることはないので誤り。
　以上から，正しい記述はⅠのみなので，正解は①である。

PART 1 統計検定3級・4級 受験ガイド

PART 2 ［3級］分野・項目別の問題・解説

PART 3 ［3級］模擬テスト

PART 4 ［4級］分野・項目別の問題・解説

PART 5 ［4級］模擬テスト

APPENDIX 付表

基本統計量による判断

あるハンドボールチームにおいて，3選手の中から交代の選手の起用を検討している。最近の10試合の3選手の得点は次の表のとおりである。

試合	1	2	3	4	5	6	7	8	9	10	平均値	標準偏差
A 選手	20	12	18	21	14	16	28	14	16	18	17.7	4.34
B 選手	16	16	15	18	17	15	19	16	14	15	16.1	1.45
C 選手	12	28	11	28	27	10	10	12	11	32	18.1	8.80

各試合における得点のばらつきが小さく，安定的に得点している選手を起用するという方針で選ばれる選手について，次の①～④のうちから最も適切なものを一つ選べ。

① A 選手
② B 選手
③ C 選手
④ この情報だけでは決められない

問5の解説

正解 2

データのばらつきを基準として意思決定を考える問題である。得点のばらつきの大きさは標準偏差で比較できるため，一番標準偏差が小さい B 選手が得点のばらつきが小さく，この基準では安定的に得点しているといえる。したがって正解は②の B 選手である。

PART 1 統計検定3級・4級 受験ガイド
PART 2 「3級」分野・項目別の問題・解説
PART 3 「3級」模擬テスト
PART 4 「4級」分野・項目別の問題・解説
PART 5 「4級」模擬テスト
APPENDIX 付表

問6　相関係数の特徴理解

　あるクラスで実施された数学と理科の試験の点数の相関係数を調べたところ 0.7 となった。しかし，数学の試験において誰も点数を取れなかった問題があったため，見直したところその問題が間違いであることがわかった。そこで，この問題は全員正解とし，3点増やすこととなった。修正された点数の相関係数について，次の①〜⑤のうちから適切なものを一つ選べ。

① 0.7 より小さい

② 0.7

③ 0.7 より大きい

④ -0.7

⑤ 個々の点数によるためわからない

問6の解説　　　　正解　2

　相関係数に関する知識を問う問題である。

　2つのデータ $x_1, \ldots, x_n$ と $y_1, \ldots, y_n$ の相関係数 r は次の式で求められる。

$$r = \frac{\dfrac{1}{n}\sum_{i=1}^{n}(x_i - \bar{x})(y_i - \bar{y})}{\sqrt{\dfrac{1}{n}\sum_{i=1}^{n}(x_i - \bar{x})^2}\sqrt{\dfrac{1}{n}\sum_{i=1}^{n}(y_i - \bar{y})^2}} = \frac{s_{xy}}{s_x s_y}$$

ここで s_x, s_y はそれぞれ x と y の標準偏差，s_{xy} は2変数の共分散である。

　すべての x_i が3点増えた場合，それに応じて $\bar{x}$ も3点増える。したがって，$x_i - \bar{x}$ の値は変わらず，相関係数の値は変わらない。

　よって，正解は②である。

次の図は，都道府県別の 2015 年の企業の年間平均支給額（きまって支給する現金給与額×12＋年間賞与その他特別給与額）と 2015 年の 1 人当たりの車（自家用乗用車）の所有台数の散布図，および 2013 年の 100 km² 当たりの鉄道路線長（km）と 2015 年の 1 人当たりの車の所有台数の散布図である。

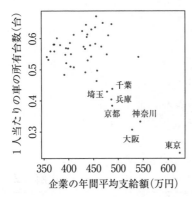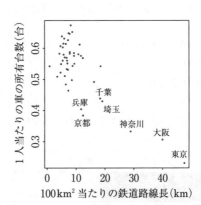

資料：厚生労働省「賃金構造基本統計調査」，一般財団法人自動車検査登録情報協会「都道府県別の自家用乗用車の普及状況表」，運輸政策研究機構「地域交通年報」

これらの変数間の相関について，次の①～⑤のうちから最も適切なものを一つ選べ。

① 企業の年間平均支給額と 1 人当たりの車の所有台数の相関係数の値はほぼ 0 である。
② 100 km² 当たりの鉄道路線長と 1 人当たりの車の所有台数には正の相関がある。
③ 都府県名が記載してある 7 都府県を除くと，企業の年間平均支給額と 1 人当たりの車の所有台数には強い正の相関がある。
④ 都府県名が記載してある 7 都府県を除くと，100 km² 当たりの鉄道路線長と 1 人当たりの車の所有台数の相関係数の値はほぼ 0 である。
⑤ 都府県名が記載してある 7 都府県を除くと，企業の年間平均支給額と 1 人当たりの車の所有台数の相関は強くなる。

問7の解説　　　　　　　　　　　　　　　　　　　正解　4

　散布図から2変数間の相関を読み取る問題である。

①：適切でない。企業の年間平均支給額と1人当たりの車の所有台数の散布図は右下がりで負の相関があり，相関係数の値がほぼ0ではない。

②：適切でない。100km² 当たりの鉄道の路線長と1人当たりの車の所有台数の散布図は右下がりで負の相関がある。

③：適切でない。都府県名が記載してある7都府県を除いた企業の年間平均支給額と1人当たりの車の所有台数の散布図は，ほとんど相関がみられない。

④：適切である。都府県名が記載してある7都府県を除いた100km² 当たりの鉄道の路線長と1人当たりの車の所有台数の散布図は，ほとんど相関がみられないので相関係数の値がほぼ0といえる。

⑤：適切でない。企業の年間平均支給額と1人当たりの車の所有台数の散布図は負の相関がみられるが，都府県名が記載してある7都府県を除くとほとんど相関がみられない。つまり，都府県名が記載してある7都府県を除くことにより相関が弱くなっている。

　よって，正解は④である。

次の散布図は，大相撲で昭和35年以降に横綱になった力士26人の幕内における勝ち数と負け数を表したものである。

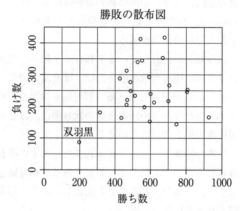

勝敗の散布図

資料：相撲レファレンス「横綱一覧表」

この散布図から読み取れることとして，次のⅠ〜Ⅲの記述を考えた。

Ⅰ．勝ち数と負け数の相関係数は負であるが，左下の双羽黒の1点を取り除くと相関係数は正になる。

Ⅱ．横軸を勝率（＝勝ち数/出場数）に変えても，横軸目盛りの数値が変わる以外に散布図の変化はない。ただし，出場数は勝ち数と負け数の和である。

Ⅲ．勝ち数の中央値はおよそ560，負け数の中央値はおよそ240である。

この記述Ⅰ〜Ⅲに関して，次の①〜⑤のうちから最も適切なものを一つ選べ。

① Ⅰのみ正しい。
② Ⅱのみ正しい。
③ Ⅲのみ正しい。
④ ⅠとⅡのみ正しい。
⑤ ⅠとⅢのみ正しい。

問8の解説 　　　　　　　　　　　　　　　　　　　　　　 正解 **3**

　与えられた散布図から情報を適切に読み取る問題である。

Ⅰ. 誤り。散布図の配置をみると，勝ち数と負け数の相関係数は正である（相関係数は0.15である）。双羽黒を除くことで相関係数の正の要素が薄れる（相関係数は－0.06となる）ので誤り。

Ⅱ. 誤り。横軸を勝ち数から勝率に変える場合，力士ごとに出場数が異なり散布図の形が変わるので誤り。

Ⅲ. 正しい。散布図から26人の中で13位と14位の数値を読み取る（26は偶数なので，ちょうど中央に位置するものがないため）。13位と14位の数の平均を取ると，勝ち数の中央値はおよそ560，負け数の中央値はおよそ240であるので正しい。

　以上から，正しい記述はⅢのみなので，正解は③である。

相関係数に関する次の記述について，次の下線部分①〜⑤のうちから適切でないものを一つ選べ。

「対となる変数 X と Y についての相関係数 r を考える。X と Y の標準偏差を s_X, s_Y, X と Y の共分散を s_{XY} とすると r は①$r = \dfrac{s_{XY}}{s_X s_Y}$ で与えられ，②r の値は -1 から 1 であり，③正の相関のとき r は正の値となり，負の相関のとき r は負の値となる。また④相関が強くなるほど r の値の絶対値は 1 に近づき，相関が弱くなるほど r の値の絶対値は 0 に近づく。なお，⑤標本の大きさを 2 倍にすると，相関係数は常に $2r$ になる。」

問9の解説　　　　　　　　　　　　　　　　　　　　　　　正解　5

　相関係数の定義と特性の理解を問う問題である。

①：正しい。相関係数の定義であるので正しい。

②：正しい。相関係数の定義から導かれる性質であるので正しい。

③：正しい。相関関係に対する相関係数の性質であるので正しい。

④：正しい。相関関係に対する相関係数の性質であるので正しい。

⑤：誤り。標本の大きさを2倍にしても相関係数は2倍にならない。標本の大きさを2倍にすると常に相関係数は2倍になると仮定すると，$r > 0.5$のとき，相関係数の値が1を超えるので，矛盾が生じる。このことより，この記述は不適切である。

　よって，正解は⑤である。

　なお，相関係数の定義式から，分母は2つの標準偏差（分散の平方根）の積，分子は共分散となっている。分散は平均からの偏差の2乗の平均，共分散は偏差の積の平均である。これらの値は，標本の大きさを大きくするとそれぞれ安定した値に近づき，相関係数も一定の値に近づく。

次の図は，2人以上の世帯の品目別都道府県庁所在市および政令指定都市ランキング（平成24年〜平成26年の平均）の「ぎょうざ」と「しゅうまい」の1世帯当たり品目別支出額（単位：円）の散布図である。図中の「×」は平均値の位置を表す。

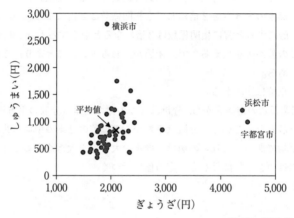

資料：総務省「家計調査」

上のデータから横浜市，浜松市，宇都宮市の3都市を除いたデータでぎょうざの支出額としゅうまいの支出額の相関係数を計算したとき，相関係数の値として，次の①〜⑤のうちから最も適切なものを一つ選べ。

① 0.9
② 0.5
③ 0
④ − 0.5
⑤ − 0.9

問10の解説　　　　　　　　　　　　　　　　　正解　2

散布図から相関係数がどの程度であるかを予想する問題である。

3都市を除いた場合の相関係数は $r = 0.477$ である。しかし，具体的な数値は完全には読み取れないため，実際には相関係数は求められないが，散布図から大まかに正の相関関係があることがわかるため，①か②が該当する。

相関係数が0.9になるほど直線状に分布しているとはいい難く，また，相関係数を大きくする外れ値もないので①は該当しない。

残された選択肢の $r = 0.5$ を考えると適切であると考えられ，②が正解である。

よって，正解は②である。

大学生 200 人を対象にある日の昼食にいくら支払ったかについて調査し，得られた結果を次のように箱ひげ図としてまとめた。

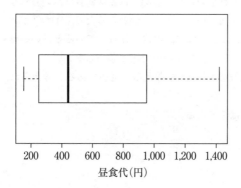

昼食代(円)

この箱ひげ図に対応する度数分布表として，次の①〜⑤のうちから最も適切なものを一つ選べ。

①

昼食代		度数	累積度数
100 円以上	200 円未満	12	12
200 円以上	300 円未満	29	41
300 円以上	400 円未満	36	77
400 円以上	500 円未満	34	111
500 円以上	600 円未満	21	132
600 円以上	700 円未満	9	141
700 円以上	800 円未満	3	144
800 円以上	900 円未満	4	148
900 円以上	1,000 円未満	19	167
1,000 円以上	1,100 円未満	13	180
1,100 円以上	1,200 円未満	5	185
1,200 円以上	1,300 円未満	0	185
1,300 円以上	1,400 円未満	11	196
1,400 円以上	1,500 円未満	4	200

②

昼食代		度数	累積度数
100 円以上	200 円未満	4	4
200 円以上	300 円未満	13	17
300 円以上	400 円未満	36	53
400 円以上	500 円未満	33	86
500 円以上	600 円未満	32	118
600 円以上	700 円未満	22	140
700 円以上	800 円未満	17	157
800 円以上	900 円未満	0	157
900 円以上	1,000 円未満	15	172
1,000 円以上	1,100 円未満	0	172
1,100 円以上	1,200 円未満	0	172
1,200 円以上	1,300 円未満	17	189
1,300 円以上	1,400 円未満	7	196
1,400 円以上	1,500 円未満	4	200

③

昼食代		度数	累積度数
100 円以上	200 円未満	20	20
200 円以上	300 円未満	32	52
300 円以上	400 円未満	46	98
400 円以上	500 円未満	23	121
500 円以上	600 円未満	14	135
600 円以上	700 円未満	5	140
700 円以上	800 円未満	0	140
800 円以上	900 円未満	12	152
900 円以上	1,000 円未満	31	183
1,000 円以上	1,100 円未満	9	192
1,100 円以上	1,200 円未満	1	193
1,200 円以上	1,300 円未満	0	193
1,300 円以上	1,400 円未満	0	193
1,400 円以上	1,500 円未満	7	200

④

昼食代		度数	累積度数
100 円以上	200 円未満	40	40
200 円以上	300 円未満	47	87
300 円以上	400 円未満	32	119
400 円以上	500 円未満	28	147
500 円以上	600 円未満	9	156
600 円以上	700 円未満	4	160
700 円以上	800 円未満	6	166
800 円以上	900 円未満	0	166
900 円以上	1,000 円未満	9	175
1,000 円以上	1,100 円未満	13	188
1,100 円以上	1,200 円未満	5	193
1,200 円以上	1,300 円未満	4	197
1,300 円以上	1,400 円未満	0	197
1,400 円以上	1,500 円未満	3	200

⑤

昼食代		度数	累積度数
100 円以上	200 円未満	12	12
200 円以上	300 円未満	43	55
300 円以上	400 円未満	36	91
400 円以上	500 円未満	28	119
500 円以上	600 円未満	9	128
600 円以上	700 円未満	4	132
700 円以上	800 円未満	15	147
800 円以上	900 円未満	0	147
900 円以上	1,000 円未満	16	163
1,000 円以上	1,100 円未満	13	176
1,100 円以上	1,200 円未満	5	181
1,200 円以上	1,300 円未満	4	185
1,300 円以上	1,400 円未満	11	196
1,400 円以上	1,500 円未満	4	200

問 11 の解説　　　　　　　正解　5

　この問題は，与えられた箱ひげ図の特徴をつかみ，対応する度数分布表を選択できるかどうかを問う問題である。箱ひげ図の特徴から最小値は 200 未満，第 1 四分位数は 200 以上 300 未満，中央値は 400 以上 500 未満，第 3 四分位数は 900 以上 1,000 未満，最大値は 1,400 以上である。これを度数分布表と見比べると，①と②は第 1 四分位数の位置が誤りであり，②，④は中央値の位置が誤りで，②，③，④は，第 3 四分位数の位置が誤りである。よって，⑤が最も適切であることがわかる。

問 12 散布図の比較，相関係数

次の2つの散布図は，平成9年度と平成24年度の都道府県別の1,000人当たりの出生率と死亡率を表している。

都道府県別出生率と死亡率

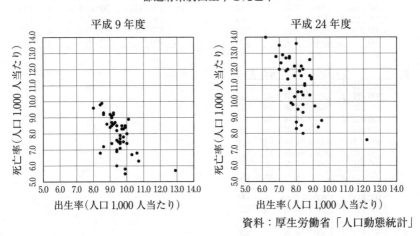

資料：厚生労働省「人口動態統計」

この2つの散布図からわかることとして，適切でないものを，次の①〜⑤のうちから一つ選べ。

① 平成9年度に比べて平成24年度のほうが，全体的に死亡率が高くなっている。
② 平成9年度に比べて平成24年度のほうが，全体的に出生率が高くなっている。
③ 平成24年度は，死亡率よりも出生率のほうが低い都道府県が多い。
④ 平成9年度も平成24年度も，他の都道府県に比べてかなり出生率が高い県がみられる。
⑤ 平成9年度も平成24年度も，出生率と死亡率の間には負の相関がみられる。

問12の解説

散布図から適切に情報を読み取り解釈を行う問題である。

①：正しい。2つの散布図を比較すると平成9年度と比べて，平成24年度の死亡率が高くなっていることが読み取れるので正しい。

②：誤り。2つの散布図を比較すると平成9年度に比べて，平成24年度の出生率が低くなっていることが読み取れるので誤り。

③：正しい。散布図から出生率＜死亡率となる都道府県が多いので正しい。

④：正しい。散布図から全体的に1つの都道府県の出生率が高く，他と比べて外れているので正しい。

⑤：正しい。2つの散布図とも右下に下がる傾向の分布がみられることから負の相関と考えられるので正しい。

以上から，正解は②である。

PART 1　統計検定3級・4級 受験ガイド

PART 2　[3級]分野・項目別の問題・解説

PART 3　[3級]模擬テスト

PART 4　[4級]分野・項目別の問題・解説

PART 5　[4級]模擬テスト

APPENDIX　付表

次のヒストグラムは，平成 24 年の 47 都道府県別の交通事故発生件数をもとに，人口 10 万人当たりの交通事故発生件数の分布を表したものである。

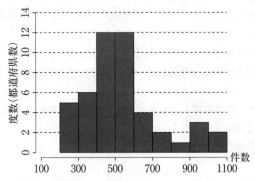

資料：警察庁「平成 24 年交通事故発生状況」

このヒストグラムからわかることとして，次の I ～ III の記述を考えた。

I．人口 10 万人当たりの交通事故発生件数の中央値は 500 以上である。

II．第 3 四分位数は 800 より大きいことから，全体の 25% 以上の都道府県では人口 10 万人当たり 800 件以上の交通事故が発生している。

III．人口 10 万人当たりの交通事故発生件数の範囲は 900 よりも大きい。

この記述 I ～ III に関して，次の①～⑤のうちから最も適切なものを一つ選べ。

① 　I のみ正しい。
② 　II のみ正しい。
③ 　III のみ正しい。
④ 　I と II のみ正しい。
⑤ 　I と III のみ正しい。

問13の解説

　与えられたヒストグラムから5数を正しく読み取る問題である。

Ⅰ．正しい。中央値は24番目の都道府県であり，500件から600件の間である。よって，500件以上なので正しい。

Ⅱ．誤り。第3四分位数は700件以下であるので誤り。

Ⅲ．誤り。最小値は200件から300件であり，最大値は1,000件から1,100件である。よって，範囲は大きくても900なので誤り。

　以上から，Ⅰのみが正しいので，正解は①である。

次の散布図は，ある高校における 132 人の数学の中間テストと期末テストの結果（単位：点）のデータを表したものである。ただし，この散布図では 4 つの点で 2 人分の重なりがあり，他の点では重なりはない。

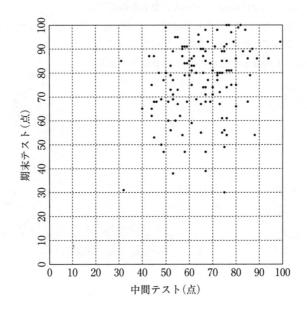

統計グラフに関する次の説明がある。

「データの分布を表す統計グラフには，ヒストグラムや箱ひげ図，散布図などがある。2つの変数のデータの分布を同時に表現できる（ア）からは各変数のおおよその（イ）や（ウ）が描け，（イ）からはおおよその（ウ）が描ける。しかしその逆は一般的には描くことができない。」

この文章内の（ア）～（ウ）の組合せとして，次の①～⑤のうちから最も適切なものを一つ選べ。

① （ア）ヒストグラム　　　（イ）散布図　　　　（ウ）箱ひげ図
② （ア）散布図　　　　　　（イ）ヒストグラム　（ウ）箱ひげ図
③ （ア）散布図　　　　　　（イ）箱ひげ図　　　（ウ）ヒストグラム
④ （ア）箱ひげ図　　　　　（イ）散布図　　　　（ウ）ヒストグラム
⑤ （ア）ヒストグラム　　　（イ）箱ひげ図　　　（ウ）散布図

統計グラフの関係性についての問題である。

散布図からは2つの変数それぞれのヒストグラムを描くことができる。たとえば，散布図から横軸の変数のヒストグラムを作成するには横軸の変数の最大値と最小値の間をいくつかの区間に分割し，その各区間に入る点の総数を数えればよい。また，箱ひげ図の作成に必要な最小値・第1四分位点・中央値・第3四分位点・最大値のおおよその値はヒストグラムよりわかる。一方，箱ひげ図の情報（最小値・第1四分位数・中央値・第3四分位数・最大値）だけからヒストグラムや散布図を作成することはできず，同様に2つの変数の同時分布の情報は箱ひげ図やヒストグラムだけではわからないため，散布図は描けない。

これらをまとめると，「2つの変数のデータの分布を同時に表現できるのは散布図のみである。散布図からはヒストグラムや箱ひげ図を描くことができる。さらに，ヒストグラムからはおおよその箱ひげ図を描くことができるが，一般には，箱ひげ図からヒストグラムを描くことはできない。」

これから，（ア）が散布図，（イ）がヒストグラム，（ウ）が箱ひげ図である。

よって，正解は②である。

PART
1
統計検定3級・4級
受験ガイド

PART
2
「3級」分野・項目
別の問題・解説

PART
3
「3級」模擬テスト

PART
4
「4級」分野・項目
別の問題・解説

PART
5
「4級」模擬テスト

APPENDIX　付表

問15　関係を表すグラフの選択

　A研究所では，残業が与える心身への影響を比較・検討するために，フルタイムで働く人を無作為に選び，次の調査票を用いて調査を行った。

質問1　最近1か月の総残業時間（単位：時間）
質問2　最近1か月における平日の平均的な睡眠時間（単位：時間）
質問3　最近1か月の疲れの程度（「とても疲れている」「疲れている」「あまり疲れていない」「疲れていない」の4肢選択）
質問4　最近1か月の肩こりの程度（「とてもこっている」「こっている」「あまりこっていない」「こっていない」の4肢選択）
（以下省略）

　最近1か月の総残業時間の違いが，最近1か月の疲れの程度にどのように影響を与えているかを比較したい。このことを調べるグラフとして，次の①～⑤のうちから最も適切なものを一つ選べ。

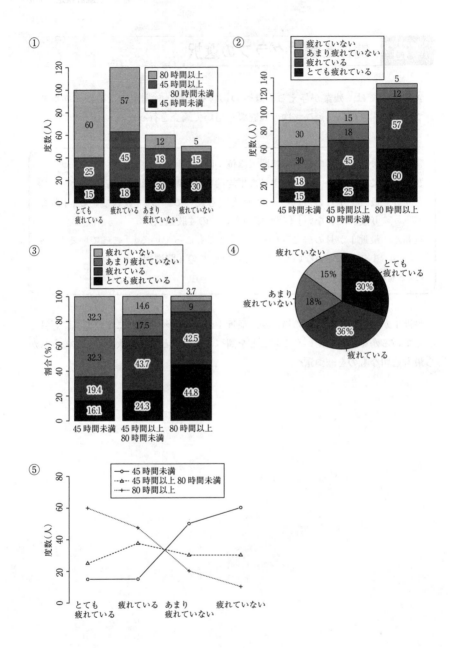

問15の解説　　　　　　　　　　　　　　　　　　　正解　3

　分析の目的を踏まえて，適切な統計グラフを表現する問題である。

　この問題では，「最近1か月の総残業時間」の違いが「最近1か月の疲れの程度」に与える影響の違いをみるため，「最近1か月の総残業時間」の違いごとに比較することが必要である。また，「最近1か月の総残業時間」の回答をいくつかのカテゴリーに分けてまとめたため，カテゴリーごとの人数も異なることから，相対的な量を比較することが望ましい。

①：適切でない。このグラフは「最近1か月の疲れの程度」を横軸に取り，この回答ごとに比較していることや，また相対的な量も比較していないので適切でない。

②：適切でない。このグラフは「最近1か月の総残業時間」の違いをカテゴリーで比較していることは適切だが，「最近1か月の疲れの程度」を積み上げ棒グラフで示し，相対的な量を比較していないので適切でない。

③：適切である。このグラフは，「最近1か月の総残業時間」の違いをカテゴリーで比較していることは適切であり，縦軸を相対的な量で比較しているので適切である。

④：適切でない。このグラフは「最近1か月の疲れの程度」の構成比のみが示されており，「最近1か月の総残業時間」が考慮されていないので適切でない。

⑤：適切でない。このグラフから「最近1か月の総残業時間」ごとの「最近1か月の疲れの程度」の大小関係は読み取ることができるが，縦軸が相対的な量を表しておらず，「最近1か月の総残業時間」の違いの影響を把握しづらいので適切でない。

　よって，正解は③である。

相関と回帰

相関係数の特徴

相関係数に関する次のⅠ～Ⅲの記述がある。

Ⅰ．ある店舗の1日の売上高（万円）と1日の客数（人）の相関係数を求めたが，客数の中に誤って売上高に関係のない従業員が含まれていることがわかり，この人数を除いた。1日当たりの従業員数は毎日一定であり，この従業員数を除いたうえで改めて計算し直した1日の売上高（万円）と従業員数を除いた1日の客数（人）の相関係数を求めた。

Ⅱ．ある会社の健康診断で，従業員の身長（cm）と体重（kg）の相関係数を求めたが，BMIを求めるために身長の単位を（m）に変更し，身長（m）と体重（kg）の相関係数を求めた。

Ⅲ．各都道府県で登録されている自動車数（台数）とスピード違反検挙数（件）の相関係数を求めたが，各都道府県の人口の違いが登録されている自動車数に影響すると考え，登録されている自動車数を人口1千人当たりの台数に変更し，各都道府県で登録されている自動車数（人口1千人当たりの台数）とスピード違反検挙数（件）の相関係数を求めた。

この記述Ⅰ～Ⅲに関して，データの変更前と変更後の相関係数の値が変化しないものはどれか。次の①～⑤のうちから最も適切なものを一つ選べ。

①　Ⅰのみ変化しない。

②　Ⅱのみ変化しない。

③　ⅠとⅡのみ変化しない。

④　ⅠとⅢのみ変化しない。

⑤　ⅡとⅢのみ変化しない。

問1の解説　　　　　　　　　　　　　　正解　3

相関係数に関する知識を問う問題である。

Ⅰ．変化しない。売上げに関係しない従業員数を除いても，1日の売上げは変化しない。また，1日の客数から一定の人数を引いても相関係数は変化しない。

Ⅱ．変化しない。相関係数は変数の単位を変えても変化しない。

Ⅲ．変化する。各都道府県で登録されている自動車数を人口1千人当たりの台数に変更するには，自動車数／各都道府県の人口×1000 を計算することとなる。よって，各都道府県の人口によって変化率が異なるため，相関係数は変化する。

以上から，ⅠとⅡのみ変化しないので，正解は③である。

相関係数の特徴

　ある中学校で，中学1年のクラス全員の平均睡眠時間 X（時間）と身長 Y（cm）を調べて相関係数 r を計算した。また，起きている平均時間と身長の相関係数を計算するため，$X' = 24 - X$ とし，X' と Y の相関係数を計算しようとしたところ，身長の単位を誤って $Y' = Y/100$（m）として X' と Y' の相関係数 r' を計算した。このとき，2つの相関係数 r と r' の関係について，次の①〜⑤のうちから適切なものを一つ選べ。

① r' は $r/100$ と等しい。
② r' は $-r/100$ と等しい。
③ r' は r と等しい。
④ r' は $-r$ と等しい。
⑤ r' は $100r$ と等しい。

問2の解説

変数の線形変換による相関係数の変化について問う問題である。

X は $X' = 24 - X$ とすることで，相関係数は -1 倍となるが，Y については，単位を変えても，つまり $Y' = Y/100$ としても相関係数は変化しないので，X' と Y' の相関係数 r' は r の -1 倍になる。したがって，r' は $-r$ と等しい。

よって，正解は④である。

次の表は，ある高校の生徒 5 人に対して実施した 10 点を満点とする数学の小テスト，2 回分の結果である。

生徒	A	B	C	D	E	平均
1回目	2	6	4	9	3	α
2回目	4	6	5	8	4	β

これに対し a, b, c を次のような値とした。

$a = (2 - \alpha)^2 + (6 - \alpha)^2 + (4 - \alpha)^2 + (9 - \alpha)^2 + (3 - \alpha)^2$

$b = (4 - \beta)^2 + (6 - \beta)^2 + (5 - \beta)^2 + (8 - \beta)^2 + (4 - \beta)^2$

$c = (2 - \alpha)(4 - \beta) + (6 - \alpha)(6 - \beta) + (4 - \alpha)(5 - \beta) + (9 - \alpha)(8 - \beta)$
　　$+ (3 - \alpha)(4 - \beta)$

1 回目のテストの点数にだけ全員に 10 点ずつを加えたとき，2 回のテストの相関係数の値はもとの相関係数の値 $\dfrac{c}{\sqrt{ab}}$ と比べてどのようになるか，次の①〜⑤のうちから適切なものを一つ選べ。

① 　加える前の相関係数に比べて 10 大きくなる。

② 　加える前の相関係数に比べて 2 倍になる。

③ 　加える前の相関係数に比べて 0.5 倍になる。

④ 　加える前の相関係数に比べて 10 小さくなる。

⑤ 　加える前の相関係数と変わらない。

問3の解説 　　　　　　　　　　　　　　　正解　5

　各生徒の点数に一律に点数を加えたときの相関係数の変化を問う問題である。

　相関係数は，個々の点数から平均を引いた量の2乗和および積和に基づいて計算される。一律に一定の点数を加えても，個々の点数から平均を引いた量は変わらないので，相関係数の値は変わらない。もっと一般的にいえば，相関係数は，その計算過程において平均を引き標準偏差で割るという標準化を行っているので，一律に定数を加えたり正の値で定数倍したりするといった変換に関して不変である。

　よって，正解は⑤である。

次の図は，東京における 1988 年から 2005 年までの各年の降水量と日照時間の散布図である。

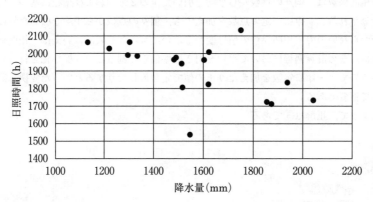

資料：気象庁「過去の気象データ」

この 18 年分のデータから降水量と日照時間の相関係数の値として，次の①〜⑤のうちから最も適切なものを一つ選べ。

① 　0
② 　0.55
③ 　0.95
④ 　− 0.55
⑤ 　− 0.95

問4の解説　　　　　　　　　　　　　　　正解　4

　散布図から相関係数を推測することを問う問題である。

　散布図をみると，2 つだけ外れている観測値がみられるが，おおむね右下がりの直線状に分布しており，このことから，負の相関関係になっていることがわかる。しかし，相関係数が − 0.95 となるほど強い相関関係ではないので，選択肢の中の − 0.55 が選択できる。

　よって，正解は④である。

相関と因果

　平成 25 年の都道府県の人口と都道府県別の水陸稲（すいりくとう）の収穫量との関係を調べることにした。

　各都道府県の人口と水陸稲の収穫量の散布図を作成したところ，次のようになった。また相関係数は − 0.06 であった。

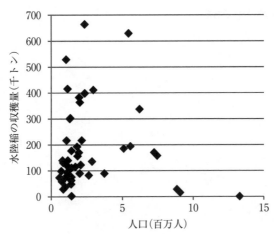

資料：総務省「人口推計」および農林水産省「作物統計」

　このデータについて，次の I〜III の記述を考えた。

I．都道府県別の人口と水陸稲の収穫量には負の強い相関がある。

II．散布図の縦軸と横軸を逆にすると相関係数は 0.06 になる。

III．人口が多ければ，水陸稲の収穫量が少ないという因果関係がいえる。

この記述 I ～ III に関して，次の①～⑤のうちから最も適切なものを一つ選べ。

① 　I のみ正しい。

② 　II のみ正しい。

③ 　I と III のみ正しい。

④ 　II と III のみ正しい。

⑤ 　I，II，III はすべて正しくない。

問5の解説　　　　　　　　　　　正解　5

散布図と相関係数についての理解を問う問題である。

3つの記述の正誤を調べると，次のようになる。

I．誤り。相関係数は，－ 0.06 であるから，強い相関があるとはいえないので誤り。

II．誤り。相関係数は，縦軸と横軸を入れ替えても符号は変わらないので誤り。

III．誤り。相関関係があっても，因果関係があるとはいえないので誤り。

以上から，すべての記述は正しくないので，正解は⑤である。

問6　単回帰直線の計算

　A君はマクロ経済学の講義で，所得と消費の関係について学んだ。教授から，年次ごとの可処分所得と家計消費支出のデータが提供され，どのような関係があるか調べてまとめなさいとの課題が出された。下のグラフは，内閣府「2011 年国民経済計算」から，国民可処分所得（実質）と家計消費支出（実質）の推移を表したものである。

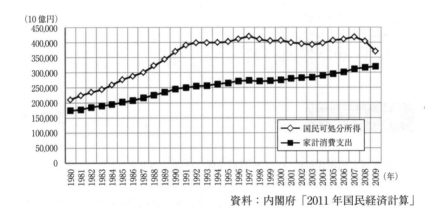

資料：内閣府「2011 年国民経済計算」

　国民可処分所得を説明変数とし，家計消費支出を目的変数とした単回帰分析として，

　　　家計消費支出 $= a + b \times$ 国民可処分所得

を考える。次の図は，国民可処分所得と家計消費支出の散布図に，単回帰直線を加えたグラフである。

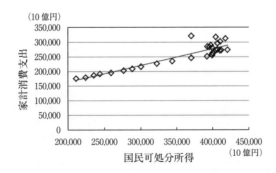

132

回帰係数の組合せとして，次の①〜⑤のうちから最も適切なものを一つ選べ。

①　$a = 150000,\ b = 0.57$
②　$a = 50000,\ b = 0.57$
③　$a = 50000,\ b = 0.87$
④　$a = 150000,\ b = 0.87$
⑤　$a = 50000,\ b = -0.57$

問6の解説　　　　　　　　　正解　2

　国民可処分所得（10億円）の250,000から350,000までの変化に対する，家計消費支出（10億円）の変化は約50,000であるので，傾き b はおよそ $\dfrac{50,000}{100,000}$ $= 0.5$ である。したがって，①または②のいずれかである。

　国民可処分所得の値が200,000のとき，家計消費支出は約150,000なので，切片（国民可処分所得の値が0のときの家計消費支出）a が150,000の①は誤りである。また，国民可処分所得が350,000のとき，家計消費支出は約250,000である。

　傾きを $b = 0.57$ とすれば，等式
　　$250000 = a + 0.57 \times 350000$
より，a はおよそ50,000となる。

　よって，正解は②である。

確率

問1 | 非復元抽出の確率

袋の中に赤色のボールが 30 個，青色のボールが 25 個，黄色のボールが 15 個入っている。A さんが 1 個のボールを取り出した後でボールは戻さずに，B さんが 1 個のボールを取り出した。このとき，A さんが青色のボールを取り出し，B さんが赤色のボールを取り出す確率として，次の①～⑤のうちから最も適切なものを一つ選べ。

① 0.08

② 0.12

③ 0.15

④ 0.16

⑤ 0.36

問1の解説 | 正解 4

基本的な確率に関する問題である。

赤色のボールが 30 個，青色のボールが 25 個，黄色のボールが 15 個の合計 70 個のボールが入っている袋から，まず A さんが青色のボールを 1 個取り出す確率は $\dfrac{25}{70}$，その後取り出したボールを戻さずに B さんが赤色のボールを 1 個取り出す確率は $\dfrac{30}{69}$ である。したがって，求める確率は

$$(25 \div 70) \times (30 \div 69) = 0.1552 \fallingdotseq 0.16$$

となる。

よって，正解は④である。

問2　確率計算，ベン図

　ハンバーガーチェーンのある店舗では，ある日に150人の顧客が来店し，それら
の顧客に対して，商品の購入に関する調査を実施した。その結果によれば，50%の
顧客がスペシャルバーガーを購入し，60%の顧客がフライドポテトを購入した。ま
た，20%の顧客がスペシャルバーガーもフライドポテトも購入しなかった。その日
にフライドポテトとスペシャルバーガーの両方とも購入した人数は何人か。次の①
〜⑤のうちから適切なものを一つ選べ。

①　45人　　　　②　75人　　　　③　90人　　　　④　110人　　　　⑤　120人

問2の解説　　　　　　　　　　　　　　正解　1

　条件に合う集合の人数を求める問題である。
　　集合A：スペシャルバーガーを購入した人
　　集合B：フライドポテトを購入した人
　　集合C：スペシャルバーガーもフライドポテトも購入しなかった人
とする。
　集合Cの割合は20%であり，集合Aまたは集合B（A∪B）はCの余事象で
あるので，その割合は，100% − 20% = 80%である。
　また，集合Aと集合Bの重複部分（A∩B）の割合は，
　　(50% + 60%) − 80% = 30%
であり，その人数は，150 × 0.3 = 45〔人〕
である。
　よって，正解は①である。

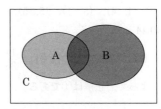

問3 確率計算，数え上げ

1から6の目が同じ確率で出る赤白2つのサイコロがある。この2つのサイコロを投げたとき，赤色のサイコロの目の数が白色のサイコロの目の数で割り切れる確率はいくらか。次の①～⑤のうちから適切なものを一つ選べ。

① $\dfrac{1}{6}$

② $\dfrac{2}{9}$

③ $\dfrac{13}{36}$

④ $\dfrac{7}{18}$

⑤ $\dfrac{5}{12}$

問3の解説　　　　　　　　　　　正解　④

場合の数に基づいて確率を計算する問題である。

赤と白のサイコロを投げたときに出る目の組合せは全部で36通りである。そのうち，赤色のサイコロの目の数が白色のサイコロの目で割り切れる赤と白のサイコロの目の組合せを（赤色のサイコロの目，白色のサイコロの目）と表すと，

(1, 1)，(2, 1)，(2, 2)，(3, 1)，(3, 3)，(4, 1)，(4, 2)，

(4, 4)，(5, 1)，(5, 5)，(6, 1)，(6, 2)，(6, 3)，(6, 6)

の14通りである。

したがって，その確率は，$\dfrac{14}{36} = \dfrac{7}{18}$ である。

よって，正解は④である。

問4　確率計算，二項分布

　大学のバスケットボールチームのメンバーであるD君はいつも練習終わりに7本のフリースローを行い，半数以上（4本以上）シュートを成功させることを目標としている。D君がフリースローを決める確率は，過去の実績から0.7である。このとき，目標（半数以上のシュートの成功）が達成できるかどうかが7本目を打つまでわからない状況となる確率はいくらか。次の①～⑤のうちから最も適切なものを一つ選べ。

① 0.03

② 0.07

③ 0.11

④ 0.15

⑤ 0.19

問4の解説　　　　　　　　　　　　　　　　　　　　正解　5

　「目標（半数以上のシュートの成功）が達成できるかどうかが7本目を打つまでわからない」という事象は，「6本目まで打ってシュートの成功が3本である」という事象と同じである。このような事象が起こる確率は，

$$_6C_3 \times (0.7)^3 \times (0.3)^3 = 20 \times (0.21)^3$$
$$= 0.18522$$

となる。

　よって，正解は⑤である。

当たりを引く確率が1/10のくじがある。引いたくじは毎回もとに戻してから次のくじを引くものとする。このくじを3回引き，3回目で初めて当たりが出る確率はいくらか。次の①〜⑤のうちから適切なものを一つ選べ。

①　0.001

②　0.009

③　0.027

④　0.081

⑤　0.1

問5の解説

正解　4

くじを3回引き，3回目で初めて当たりが出るということは，1，2回目は外れを引き，3回目で当たりが出るということである。このような事象が起こる確率は，

$$\left(1 - \frac{1}{10}\right) \times \left(1 - \frac{1}{10}\right) \times \frac{1}{10} = \frac{81}{1000}$$
$$= 0.081$$

と求められる。

よって，正解は④である。

問6　条件付き確率，ベイズの定理

　メールの本文に含まれる文字情報からそのメールが迷惑メールなのか判別した
い。これまでの調査では無作為に選んだメールの80%が通常のメールで，残りの
20%が迷惑メールであることがわかっている。また，調査によれば，ある語句が通
常のメールに含まれる確率は20%だが，迷惑メールの場合，その確率は80%と高
くなる。

　無作為に選んだメールがこの語句を含んでいるとき，このメールが迷惑メールで
ある確率について，次の①〜⑤のうちから最も適切なものを一つ選べ。

①　0.08　　　②　0.20
③　0.32　　　④　0.50
⑤　0.80

問6の解説

正解　④

　メールが迷惑メールであるという事象を S，メールがこの語句を含むという
事象を W とする。同時確率と条件付き確率の関係

$$P(S \cap W) = P(S)P(W|S)$$

から，次の式（ベイズの定理）が得られる。

$$P(S|W) = \frac{P(S)P(W|S)}{P(W)}$$

　ここで，$P(S)$ と $P(W|S)$ については問題文より $P(S) = 0.2$，$P(W|S) = 0.8$
であることがわかる。一方，$P(W)$ についてはメールが迷惑メールでありこの
語句を含む確率と，メールが通常のメールでありこの語句を含む確率の和とし
て表されるので，

$$P(W) = 0.2 \times 0.8 + 0.8 \times 0.2 = 0.32$$

となる。これらの数値を用いると，$P(S|W)$ が次のように求められる。

$$P(S|W) = \frac{P(S)P(W|S)}{P(W)} = \frac{0.2 \times 0.8}{0.32} = 0.5$$

　よって，正解は④である。

PART
3
［3級］模擬テスト

PART
4
［4級］分野・項目
別の問題・解説

PART
5
［4級］模擬テスト

APPENDIX
付表

確率分布

問1 期待値計算

離散型確率変数 X の取る値と確率がそれぞれ

$$P(X=1) = 0.2, \ P(X=2) = 0.4, \ P(X=5) = 0.25, \ P(X=10) = 0.15$$

であるとき，期待値 $E(X)$ はいくらか。次の①〜⑤のうちから適切なものを一つ選べ。

① 0.9375

② 2.35

③ 3.25

④ 3.75

⑤ 4.5

問1の解説   正解　④

　期待値は，確率変数 X の出現値とその確率を掛け合わせたものの和である。つまり，

$$E(X) = 1 \times 0.2 + 2 \times 0.4 + 5 \times 0.25 + 10 \times 0.15$$
$$= 3.75$$

となる。

　よって，正解は④である。

問2　分散計算

　袋の中に赤玉6個，黄玉8個，青玉6個が入っている。この袋から玉を1つ取り出したときに，それが赤玉であるときは $X=1$，黄玉であるときは $X=2$，青玉であるときは $X=3$ とする。このとき，確率変数 X の分散はいくらか。次の①〜⑤のうちから適切なものを一つ選べ。

① 0.6
② 0.7
③ 0.8
④ 0.9
⑤ 1.0

問2の解説　　　　正解　1

　X が各値を取る確率は

$$P(X=1) = \frac{6}{6+8+6} = \frac{6}{20} = 0.3$$

$$P(X=2) = \frac{8}{20} = 0.4$$

$$P(X=3) = \frac{6}{20} = 0.3$$

である。まず，X の期待値を計算すると

$$E(X) = 1 \times 0.3 + 2 \times 0.4 + 3 \times 0.3 = 2$$

となる。これより，分散は次のように計算できる。

$$V(X) = (1-2)^2 \times 0.3 + (2-2)^2 \times 0.4 + (3-2)^2 \times 0.3 = 0.6$$

よって，正解は①である。

次の表は，平成 25 年度の大学入試センター試験（本試験）の数学 I・数学 A の結果（平均点等を示したもの）である。入試の得点はほぼ正規分布に従うものとする。

科目名	受験者数	平均点	最高点	最低点	標準偏差
数学 I・数学 A	398,447	51.20	100	0	18.71

このセンター試験を受験した A 君が試験後に自己採点をしたところ，数学 I・数学 A は 88 点であった。A 君は全受験者 398,477 人の中で，上から数えておよそ何位か。次の①〜⑤のうちから最も適切なものを一つ選べ。

① 1,000 位 　　② 10,000 位

③ 20,000 位 　　④ 50,000 位

⑤ 70,000 位

問3 の解説　　　　　　　　　　　　正解　2

試験の点数を確率変数 X とすると，X は正規分布 $N(51.2, 18.71^2)$ に従うので，$Z = \dfrac{X - 51.2}{18.71}$ は標準正規分布 $N(0, 1)$ に従う。よって，数学 I・数学 A で 88 点以上となる確率は

$$P(X \geqq 88) = P\left(\frac{X - 51.2}{18.71} \geqq \frac{88 - 51.2}{18.71}\right)$$
$$= P(Z \geqq 1.97)$$
$$= 0.0244$$

となる。つまり，88 点以上の生徒は全受験者 398,477 人の約 2.44％，すなわち，

$$398477 \times 0.0244 = 9722 \ \text{〔人〕}$$

である。このことから，A 君はおおよそ 10,000 位であることがわかる。

よって，正解は②である。

PART 1 統計検定3級・4級 受験ガイド

PART 2 ［3級］分野・項目別の問題・解説

PART 3 ［3級］模擬テスト

PART 4 ［4級］分野・項目別の問題・解説

PART 5 ［4級］模擬テスト

APPENDIX 付録

問4　正規分布の確率

　ある高校の生徒の1か月当たりのお小遣いについて調査したところ，平均 6,800 円，標準偏差 2,000 円であり，その分布はおおむね正規分布であった。この高校の生徒から無作為に1人選んだとき，その生徒のお小遣いの金額が 10,000 円以上である確率はいくらか。次の①〜⑤のうちから最も適切なものを一つ選べ。

① 0.036

② 0.055

③ 0.067

④ 0.145

⑤ 0.436

問4の解説　　　　　　　　　　　　　　　正解　2

　この高校の生徒のお小遣いの金額を X と置くと，$Z = \dfrac{X - 6800}{2000}$ は標準正規分布に従う。したがって，X が 10,000 以上となる確率は

$$P(X \geqq 10000) = P\left(\frac{X - 6800}{2000} \geqq \frac{10000 - 6800}{2000}\right)$$
$$= P(Z \geqq 1.6)$$
$$\fallingdotseq 0.0548$$

となる。

　よって，正解は②である。

あるクラスで中間試験と期末試験を実施したところ，B君は中間試験の点数が72点，期末試験の点数は80点であった。また，中間試験の点数を平均0，分散1となるように変換した得点（標準化得点）を求めたところ，B君の中間試験の標準化得点は1.00であった。

ここで，B君は，「点数が8点上がったので，クラス内の成績順位も上がった」と言った。これを検証するためには，どのような情報が必要か。次の①～⑤のうちから最も適切なものを一つ選べ。ただし，試験の点数はほぼ正規分布に従うとする。

① 　B君の期末試験の点数は8点高いので，他の情報は不要である。

② 　点数の伸び率 $\dfrac{80 - 72}{72} = 0.11$ は正であるので，他の情報は不要である。

③ 　期末試験成績を中間試験の平均と分散を用いて求めた得点，

　　 得点 ＝（期末試験成績 － 中間試験の平均）／$\sqrt{\text{中間試験の分散}}$

の情報が必要である。

④ 　期末試験成績を期末試験の平均と分散を用いて求めた得点，

　　 得点 ＝（期末試験成績 － 期末試験の平均）／$\sqrt{\text{期末試験の分散}}$

の情報が必要である。

⑤ 　中間試験成績の最小値からの差と期末試験成績の最小値からの差，

　　 中間試験成績 － 中間試験成績の最小値

　　 期末試験成績 － 期末試験成績の最小値

に関する情報が必要である。

問5の解説

　中間試験の点数と期末試験の点数では，平均も標準偏差も異なっているので，2つの試験間の点数を直接比較することはできない。したがって，①と②は不適切となる。正規分布に従う点数どうしを比較するためには，標準化得点を用いればよい。中間試験の標準化得点は与えられているので，期末試験の点数についてその平均と標準偏差を用いて標準化得点を求めればよい。③は異なる試験での平均と標準偏差を用いているので不適切である。④は期末試験の標準化得点を求める正しい式である。⑤は各試験の1点差は同じと想定しているので不適切である。

　よって，正解は④である。

ある横断歩道の歩行者用信号には10個の目盛りが添えられている。青信号になった瞬間はすべての目盛りが点灯し，その後は5秒ごとに目盛りが1つずつ消灯していく。そして，すべての目盛りが消えたら赤信号になる。また，この横断歩道の長さは22mである。

Dさんがこの横断歩道の前にたどり着いたとき，残りの目盛りがちょうど4個になった。Dさんが5秒で歩く距離は平均6m，標準偏差0.5mの正規分布に従い，5秒ごとに歩く距離は独立であるとするとき，この信号が赤信号になる前に横断歩道を渡り切れる確率はいくらか。次の①〜⑤のうちから最も適切なものを一つ選べ。

① 0.98

② 0.84

③ 0.69

④ 0.31

⑤ 0.16

問6の解説　　　　　正解　1

この問題では，Dさんが20秒間で歩く距離Xが22mを超える確率を求めればよい。そこで，Dさんが横断歩道を渡り始めて5秒ごとに歩く距離をX_1，X_2，X_3，X_4とすると，それぞれ平均6，分散$0.5^2 = 0.25$の正規分布に従い，それぞれ独立となる。Dさんが20秒間で歩く距離は$X = X_1 + X_2 + X_3 + X_4$であり，これは平均$4 \times 6 = 24$，分散$4 \times 0.25 = 1$の正規分布に従うので，$Z = \dfrac{X-24}{1}$は標準正規分布に従う。これより，

$$P(X \geqq 22) = P\left(\frac{X-24}{1} \geqq \frac{22-24}{1}\right)$$
$$= P(Z \geqq -2) = 1 - P(Z < -2) = 1 - P(Z > 2) = 0.98$$

となる。

よって，正解は①である。

PART
1
統計検定3級・4級
受験ガイド

PART
2
「3級」分野・項目
別の問題・解説

PART
3
「3級」模擬テスト

PART
4
「4級」分野・項目
別の問題・解説

PART
5
「4級」模擬テスト

APPENDIX
付表

問7　二項分布の正規近似

　C さんの使っている歩数計は最近調子が悪く，平均して 10 回に 1 回の割合で歩数がカウントされるという。1 歩当たりのカウントの有無は独立な試行に従うと仮定する。このとき，1,000 歩いて 110 回以上カウントされる確率として，次の①〜⑤のうちから最も適切なものを一つ選べ。

① 0.01

② 0.15

③ 0.35

④ 0.84

⑤ 0.99

問7の解説

正解　2

　1,000 歩いたときのカウント数 X は二項分布 $B(1000, 0.1)$ に従う。求める確率は $P(X \geqq 110)$ である。この二項分布を平均 $1000 \times 0.1 = 100$，分散 $1000 \times 0.1 \times (1 - 0.1) = 90$ の正規分布で近似すると，

$$P(X \geqq 110) \fallingdotseq P\left(Z \geqq \frac{110 - 100}{\sqrt{90}} \right)$$
$$= P(Z \geqq 1.05)$$
$$= 0.1469$$

となる（Z は標準正規分布に従う確率変数である）。選択肢の中で最も近い値は 0.15 である。

　よって，正解は②である。

統計的な推測

問1　信頼区間の考え方

　ある母集団の母平均 μ についての 95% 信頼区間は $48 \leqq \mu \leqq 65$ であった。このことからわかることとして，次の I ～ III の記述を考えた。

I．標本の 95% が含まれている区間が，48 から 65 である。

II．標本平均が 48 から 65 の間にある確率は 0.95 である。

III．同じ大きさを持つランダムな標本を取り，それぞれについて 95% 信頼区間を求める手続きを多数回行うと，μ は，この手順でできる区間のうちの約 95% の区間に含まれる。

　この記述 I ～ III に関して，次の①～⑤のうちから最も適切なものを一つ選べ。

①　I のみ正しい。

②　II のみ正しい。

③　III のみ正しい。

④　I と II のみ正しい。

⑤　II と III のみ正しい。

問1の解説　　　　　　　　　　　　　　　正解　3

　信頼区間は確率的に変化する。標本の大きさ n と信頼係数を固定して，同じ手順で信頼区間を数多く作成した場合，信頼区間が定数 μ を含む割合が信頼係数と解釈される。したがって，III のみが適切である。

　よって，正解は③である。

PART
1
統計検定 3 級・4 級
受験ガイド

PART
2
［3 級］分野・項目
別の問題・解説

PART
3
［3 級］模擬テスト

PART
4
［4 級］分野・項目
別の問題・解説

PART
5
［4 級］模擬テスト

APPENDIX
付表

問2　平均の信頼区間

　A さんは日常生活の風景をデジタルカメラで写真に収め，パソコンに保存するという趣味を持っている。A さんが先週 1 週間に撮影した写真 30 枚について，それらのファイルサイズ（単位はメガバイト）の標本平均を調べたところ，3.24 であった。また，過去の経験からファイルサイズの分散は 0.04 であるものとする。1 枚の写真のファイルサイズは独立に平均 μ，分散 0.04 の正規分布に従うと仮定するとき，母平均 μ の 95% 信頼区間を求める式はどれか。次の①〜⑤のうちから適切なものを一つ選べ。

① $[3.24 - 0.06\sqrt{0.04^2},\ 3.24 + 0.06\sqrt{0.04^2/30}]$
② $[3.24 - 1.645\sqrt{0.04/30},\ 3.24 + 1.645\sqrt{0.04/30}]$
③ $[3.24 - 1.645\sqrt{0.04^2/30},\ 3.24 + 1.645\sqrt{0.04^2/30}]$
④ $[3.24 - 1.96\sqrt{0.04/30},\ 3.24 + 1.96\sqrt{0.04/30}]$
⑤ $[3.24 - 1.96\sqrt{0.04^2/30},\ 3.24 + 1.96\sqrt{0.04^2/30}]$

問2の解説　　正解　4

　母分散は既知であり，標本の大きさが 30 なので，母平均の 95% 信頼区間は，

$$\bar{x} \pm Z_{0.025} \times \sqrt{\frac{\alpha^2}{n}} = 3.24 \pm 1.96 \times \sqrt{\frac{0.04}{30}}$$

となる。
　よって，正解は④である。

問3 比率の信頼区間

次の表は，オリンピック・パラリンピック競技大会やサッカー，テニスなどのスポーツ国際大会での日本選手の活躍に，どれくらい関心を持っているかを調査した結果である（回答総数 1,897 人）。なお，小数点以下 2 位を四捨五入しているため，合計は 100 とはならない。データは単純無作為抽出されたものとする。

	非常に関心がある	やや関心がある	わからない	あまり関心がない	ほとんど（全く）関心が無い
比率（％）	48.3	40.5	0.1	8.2	2.8

資料：文部科学省「体力・スポーツに関する世論調査（平成 25 年 1 月調査）」

このとき，「非常に関心がある」の母比率の 95％信頼区間として，次の①～⑤のうちから最も適切なものを一つ選べ。

① [0.447, 0.519]
② [0.453, 0.513]
③ [0.461, 0.505]
④ [0.464, 0.502]
⑤ [0.482, 0.484]

問3の解説   正解 3

「非常に関心がある」と答えた人の人数は二項分布に従うと考えられるので，その母比率の 95％信頼区間は正規近似により，

$$\left[0.483 - 1.96 \sqrt{\frac{0.483 \times (1 - 0.483)}{1897}}, \ 0.483 + 1.96 \sqrt{\frac{0.483 \times (1 - 0.483)}{1897}} \right]$$

$$\fallingdotseq [0.461, \ 0.505]$$

となる。

よって，正解は③である。

PART 1 統計検定3級・4級 受験ガイド

PART 2 「3級」分野・項目 別の問題・解説

PART 3 3級 模擬テスト

PART 4 「4級」分野・項目 別の問題・解説

PART 5 「4級」模擬テスト

APPENDIX 付表

問**4**　　**一般的な仮説検定の考え方**

　A市では，道路に生ごみが放置されているという苦情が市役所に持ち込まれた。そこで，生ごみの回収回数を増やすかどうかを検討するために，1世帯当たりの1日のごみ廃棄量を1年間調査した（1年間の平均を $\bar{x}$ とする）。市役所では，公開されている従来の平均（740g）と標準偏差（5g）を用いて，「帰無仮説 H_0：ごみ廃棄量の平均は変化していない」についてごみ廃棄量は正規分布に従うとして仮説検定を行った。市役所側は，有意水準 $\alpha = 0.05$ の両側検定を行ったところ，帰無仮説は棄却できなかったと住民に説明した。しかし，住民側が同じデータについて同じ有意水準で片側検定を行ったところ，帰無仮説は棄却された。市役所と住民側が計算して求めた値 $z = \dfrac{\bar{x} - 740}{5/\sqrt{365}}$ について，次の①〜⑤のうちから最も適切なものを一つ選べ。

①　1.30　　　②　1.50　　　③　1.90　　　④　1.98　　　⑤　2.25

問**4**の解説　　　　　　　　　　　　　　　　　　　　　　**正解　3**

　現在のごみ廃棄量の平均 μ に対し，帰無仮説 $H_0 : \mu = 740$ を考える。市役所側は両側対立仮説として，

　　　$H_1 : \mu \neq 740$

を設定した。この対立仮説は，ごみ廃棄量の平均が多くなっている場合と少なくなっている場合の両方を想定したもので，棄却域は $|z| > 1.96$ となる。一方，住民側は片側対立仮説として，

　　　$H_1 : \mu > 740$

を設定した。これは，ごみ廃棄量の平均が多くなっている場合のみを想定したものであり，棄却域は $z > 1.64$ となる。なお 1.96 と 1.64 は有意水準 $\alpha = 0.05$ に対応する値を付表から求めたものである。両側検定では採択され片側検定では棄却されるのは，求められた z の値が 1.64 より大きく 1.96 以下の値を取る場合である。

　よって，正解は③である。

次の文章は母平均の検定について述べたものである。

「母集団の分布は平均 μ，分散 σ^2 の正規分布であり，σ^2 は既知であるとする。大きさ n の無作為標本に基づき，帰無仮説 $H_0 : \mu = \mu_0$ を有意水準 1% で検定したい。対立仮説は $H_1 : \mu \neq \mu_0$ とする。このとき，無作為標本の平均値を $\bar{x}$ とすると，$(\bar{x} - \mu_0)/\sqrt{\sigma^2/n}$ の絶対値が正規分布の上側 0.5% 点以上であれば帰無仮説は（ア）。

一方，無作為に 0 から 1 からまでの実数を 1 つ選び（このような乱数は一様乱数とよばれる），その値が 0.01 以下であれば帰無仮説 H_0 を棄却するという方法も有意水準 1% の検定である。この方法が前述の正規分布を使った検定と比べて不合理なのは，（イ）をまったく考慮していないことである。一様乱数を用いた検定では，どのような対立仮説の下でも，（イ）をおかす確率は（ウ）である。正規分布を使った検定の場合は，この確率は常に（ウ）以下である。」

文中の（ア）〜（ウ）に当てはまるものの組合せとして，次の①〜⑤のうちから適切なものを一つ選べ。

① （ア）棄却される　　　（イ）第一種の過誤　　　（ウ）0.01
② （ア）棄却されない　　（イ）第一種の過誤　　　（ウ）0.01
③ （ア）棄却される　　　（イ）第二種の過誤　　　（ウ）0.01
④ （ア）棄却されない　　（イ）第一種の過誤　　　（ウ）0.99
⑤ （ア）棄却される　　　（イ）第二種の過誤　　　（ウ）0.99

問5の解説

　母集団の分布が正規分布である場合における帰無仮説 $H_0 : \mu = \mu_0$ の有意水準1%の両側検定では，検定統計量の絶対値が正規分布の上側0.5%点よりも大きければ帰無仮説は棄却される。また，一様乱数を用いた方法は，帰無仮説と対立仮説のどちらが正しいときも常に棄却する確率は0.01である。そのため第二種の過誤の確率は $1 - 0.01 = 0.99$ となってしまう。

　したがって，

　　（ア）棄却される

　　（イ）第二種の過誤

　　（ウ）0.99

となる。

　よって，正解は⑤である。

問6　平均の仮説検定の考え方の理解

正規分布 $N(\mu, 10^2)$ に従う母集団から抽出された大きさ 25 の標本の平均値 $\bar{x}$ を用いて，帰無仮説 $H_0 : \mu = 100$ に関する片側検定（対立仮説 $H_1 : \mu > 100$）を行う。ここで，$z = \dfrac{\bar{x} - 100}{2} = 1.83$ であるとき，この検定の結果に関する解釈として，次の①～⑤のうちから適切なものを一つ選べ。

①　1%有意であるが5%有意でない。
②　5%有意であるが1%有意でない。
③　5%有意であり，かつ1%有意である。
④　5%有意でも1%有意でもない。
⑤　5%有意であるか，1%有意であるかは，与えられた情報では決定できない。

問6の解説　　　　　　　　　　　　　　正解　2

$z = \dfrac{\bar{x} - 100}{10/\sqrt{25}} = \dfrac{\bar{x} - 100}{2}$ は帰無仮説の下で標準正規分布に従う。付表より，正規分布の上側5%点は1.64，上側1%点は2.33である。zの値は1.83であり，1.64より大きいが2.33以下である。このことから，5%有意であるが，1%有意でないことがわかる。

　よって，正解は②である。

あるコインを投げたとき，表が出る確率を p，裏が出る確率を $1-p$ とし，p は未知であるとする。表が出る確率がある特定の値かどうかを検証するために，このコインを n 回投げ，そのうち表が出た回数を X とする。

次の文章は表が出る確率が p_0 であるという仮説を検定する手続きについて述べたものである。

「帰無仮説 $H_0 : p = p_0$，対立仮説 $H_1 : p \neq p_0$ に対して，

$$z = \frac{X - np_0}{\sqrt{np_0(1 - p_0)}}$$

とする。n が十分大きいとき，Z は帰無仮説の下では標準正規分布で近似できる。この検定は（ア）検定であり，有意水準を 5% とすると，$|Z| > $（イ）となるとき，（ウ）仮説は有意水準 5% で棄却される。」

（ア）〜（ウ）に当てはまるものの組合せとして，次の①〜⑤のうちから最も適切なものを一つ選べ。

① （ア）片側　　（イ）1.645　　（ウ）対立
② （ア）片側　　（イ）1.645　　（ウ）帰無
③ （ア）片側　　（イ）1.96　　（ウ）帰無
④ （ア）両側　　（イ）1.96　　（ウ）対立
⑤ （ア）両側　　（イ）1.96　　（ウ）帰無

問7の解説　　　　　　　　　　　　　　　　　　　　正解　5

　帰無仮説 $H_0:p=p_0$，対立仮説 $H_1:p \neq p_0$ なので，両側検定を行うことになる。Z は標準正規分布で近似できるので，有意水準 5%の場合は標準正規分布の上側 2.5%点を用いて，

　　$|Z| > 1.96$

が棄却域となり，このとき，帰無仮説は棄却される。

　これより，（ア）は両側，（イ）は 1.96，（ウ）は帰無，である。

　よって，正解は⑤である。

PART 3

3 | [3級] 模擬テスト

PART3 では，3 級の実際の試験を模擬体験できるテスト問題を掲載する。本試験の半分程度の問題数であるが，問題のレベルや解答感覚を身につけてほしい。正解と解説は後半部分にまとめている。

問題数：17 題　試験時間：30 分　合格水準：6 割以上

1 問題

2 正解と解説

1 問題

問1

次のアンケート項目は，あるデパートの顧客アンケート調査の一部である。

Q1. あなたの性別は？　　　　　　　□男性　　　□女性

Q2. あなたの年齢は？

　　1. 20代以下　　2. 30代　　3. 40代　　4. 50代　　5. 60代以上

Q3. あなたは何人家族ですか？　　　　　　（　　　　　）人

Q4. ペットを飼っていますか？　　　□はい　　　□いいえ

Q5. あなたの住まいからこのデパートまでどれくらいかかりますか？

　　　　　　　　　　　　　　　　　　　　約（　　　　　）分

このアンケートの各項目を分析するとき，どの質問の回答が量的変数となるか。次の①〜⑤のうちから最も適切なものを一つ選べ。　　| 1 |

① Q1とQ2とQ3のみ

② Q3とQ5のみ

③ Q2とQ5のみ

④ Q5のみ

⑤ すべて量的変数

問2

調査実施に関する次の説明がある。

「ある町で，中学生を対象に『まちづくり』に関するアンケート調査を実施することにした。この調査における町内の中学生全体を（A）とよぶ。町内の中学生は全体で1,523人いる。生徒を無作為に選び，今回は511人に調査用紙を配布した。このうち490人から調査用紙を回収することができた。したがって，回収率は（B）である。」

この文章内の (A) と (B) について正しい組合せとして，次の①〜⑤のうちから適切なものを一つ選べ。　2

① (A) 標本　　　(B) 32.2%
② (A) 標本　　　(B) 95.9%
③ (A) 母集団　　(B) 32.2%
④ (A) 母集団　　(B) 33.6%
⑤ (A) 母集団　　(B) 95.9%

| 問3 |

次のⅠ〜Ⅲは，さまざまな研究の方法について述べている。

Ⅰ．勉強時間とアルバイトに費やしている時間の関係を調査するために，ある県に居住する大学生を対象として，勉強に費やしている時間が1日当たり3時間以上のグループと3時間未満のグループに分け，アルバイトに費やしている時間の差を比較した。

Ⅱ．2種類の運動方法によるダイエット効果の違いを調べるために，被験者を2つのグループに無作為に分け，それぞれのグループに割り当てた運動方法を3か月間実施してもらい，体重減少率を比較した。

Ⅲ．ある市における現市長の支持率を調べるために，年齢分布に対応させて有権者を無作為に抽出し無記名の調査票により調査した。

この記述Ⅰ〜Ⅲに関して，実験研究はどれか。次の①〜⑤のうちから最も適切なものを一つ選べ。　3

① すべて実験研究でない。
② Ⅰのみ実験研究である。
③ ⅠとⅡのみ実験研究である。
④ Ⅱのみ実験研究である。
⑤ ⅡとⅢのみ実験研究である。

| 問4 |

次のクロス集計表は，2種類の治療法（A法，B法）のどちらかを受けた被験者509人について，治療効果（改善，非改善）の関係を示した表と，被験者の年齢を65歳未満（276人）と65歳以上（233人）に分けてこの関係を示した表である。

被験者全体

治療法	治療効果		合計
	改　善	非改善	
A	109	125	234
B	148	127	275
合計	257	252	509

年齢が65歳未満

治療法	治療効果		合計
	改　善	非改善	
A	34	13	47
B	138	91	229
合計	172	104	276

年齢が65歳以上

治療法	治療効果		合計
	改　善	非改善	
A	75	112	187
B	10	36	46
合計	85	148	233

治療法（A法とB法）を横軸に取り，改善した被験者の割合を年齢ごと（65歳未満，65歳以上）に比較した。そのグラフとして，次の①〜⑤のうちから最も適切なものを一つ選べ。　4

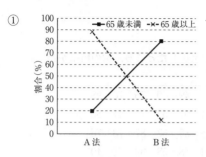

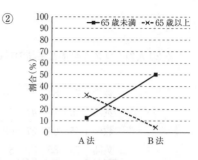

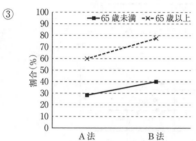

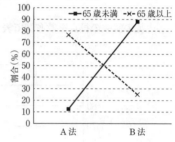

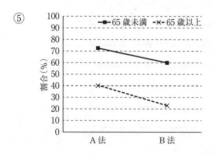

問5

ある 20 人のクラスで数学と英語の試験を実施したところ，次の結果が得られた。

数学	77	84	24	56	73	49	49	75	76	98
英語	65	76	41	53	64	91	54	79	41	86
数学	65	68	67	69	65	85	67	87	73	75
英語	79	85	80	88	93	58	58	89	62	40

各生徒の試験の得点を散布図で表すと次のようになった。

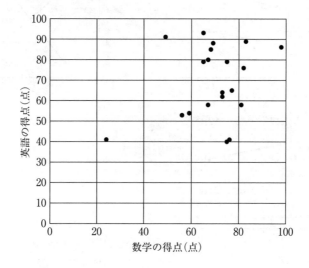

　数学の試験の得点の分布を表す箱ひげ図，英語の試験の得点の分布を表す箱ひげ図をそれぞれ次のイ〜ニから 1 つずつ選ぶとき，(A) 数学の箱ひげ図，(B) 英語の箱ひげ図として最も適切な組合せを，次の①〜⑤のうちから一つ選べ。　5

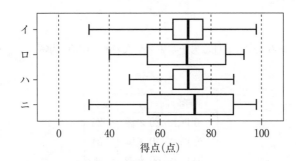

① (A) イ 　　(B) ロ
② (A) ニ 　　(B) ロ
③ (A) イ 　　(B) ハ
④ (A) ニ 　　(B) ハ
⑤ (A) イ 　　(B) ニ

次の表は，ある大学における男子学生 237 人の通学時間（単位：分）の度数分布表である。

通学時間（分）	度数
0 以上 20 未満	25
20 以上 40 未満	34
40 以上 60 未満	46
60 以上 80 未満	38
80 以上 100 未満	34
100 以上 120 未満	14
120 以上 140 未満	21
140 以上 160 未満	14
160 以上 180 未満	8
180 以上 200 未満	1
200 以上 220 未満	2

このデータの累積度数分布のグラフとして，次の①～⑤のうちから最も適切なものを一つ選べ。　6

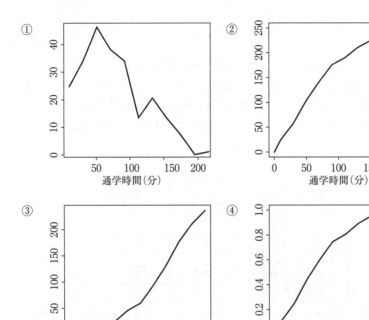

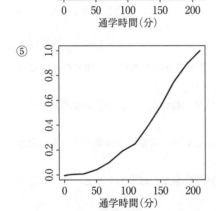

| 問7 |

次の表は，2017年2月24日（金）から実施されたプレミアムフライデー（各月の最終金曜日に普段より早く退社をする試み）について，プレミアムフライデー実施前と実施後の印象をアンケート調査し，両方の調査に回答した人の結果である。この調査において，実施前，実施後ともに回答した人は1,329人である。

（単位：%）

	事前調査	事後調査
肯定的な印象	16.6	6.1
どちらかというと肯定的な印象	24.9	18.7
どちらともいえない	38.1	42.4
どちらかというと否定的な印象	13.1	19.0
否定的な印象	7.3	13.8

資料：インテージ「『プレミアムフライデー』事後調査 2017年2月調査」

この表から読み取れることとして，次の①〜⑤のうちから最も適切なものを一つ選べ。　| 7 |

①　事前調査で否定的な印象を持つ人は，事後調査でも否定的な印象を持っている。

②　事前調査，事後調査ともに，肯定的な印象を持つ人より，否定的な印象を持つ人のほうが多い。

③　事後調査で否定的な印象またはどちらかというと否定的な印象を持つ人は全体の3分の1以上である。

④　事前調査のほうが事後調査よりも肯定的な印象またはどちらかというと肯定的な印象を持つ人が多い。

⑤　プレミアムフライデーの印象は毎月悪くなっている。

| 問8 |

花子さんは自由研究で12個の植木鉢に同数の種を植え，5日後の発芽数を調べた。次の値は，各植木鉢の発芽数を小さい順に並べたものである。

2　3　3　4　4　4　5　7　10　11　17　25

この結果について，次のⅠ～Ⅲのようにまとめた。この記述Ⅰ～Ⅲに関して，下の①～⑤のうちから最も適切なものを一つ選べ。　| 8 |

Ⅰ．この分布は右の裾が長い分布である。

Ⅱ．最頻値と中央値は等しい。

Ⅲ．もう1鉢に他の鉢と同数の種を植え5日後の発芽数を調べたところ，発芽数は24であった。この観測値を合わせた結果，平均値の変化は中央値の変化よりも大きかった。

---

①　Ⅰのみ正しい。

②　Ⅱのみ正しい。

③　ⅠとⅢのみ正しい。

④　ⅡとⅢのみ正しい。

⑤　ⅠとⅡとⅢはすべて正しい。

次の折れ線グラフは，2003 年から 2015 年までの訪日外国人旅行者数と出国日本人数の推移を表している。ただし，2015 年は推計値である。

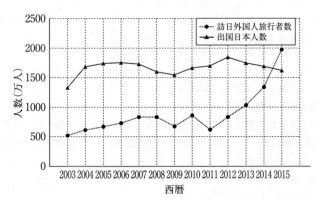

資料：日本政府観光局 （JINTO）
「訪日外客数の動向」および「出国日本人数の動向」

海外に出国する日本人に対する訪日する外国人旅行者の比を

（訪日外国人旅行者数）÷（出国日本人数）

により計算し，その推移を表した折れ線グラフとして，次の①〜⑤のうちから最も適切なものを一つ選べ。| 9 |

①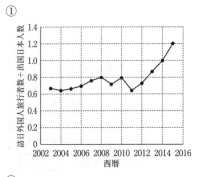

②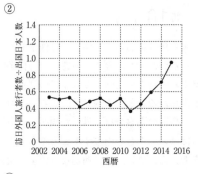

③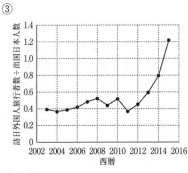

④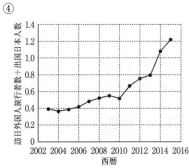

⑤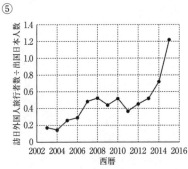

　ある店舗において，同じ受付作業であっても窓口によって作業時間に違いがあることがわかった。そこで各窓口での作業時間を測定して，作業時間の散らばりを調整する改善を考える。これまでの測定データから他の観測値と大きく外れた観測値が得られることも予想され，各窓口における作業時間の分布は左右対称とはいえない。今回の調整では，外れた観測値の影響を受けにくい指標を用いて，データの散らばりの大きさを調整することを考える。この店舗の窓口における作業時間の改善を考えるために，最も適切なものを，次の①〜⑤のうちから一つ選べ。 ▭ 10

① 　各窓口の作業時間の散らばりを標準偏差で測り，値を小さくすることを考える。
② 　各窓口の作業時間の散らばりを分散で測り，値を大きくすることを考える。
③ 　各窓口の作業時間の散らばりを範囲で測り，値を大きくすることを考える。
④ 　各窓口の作業時間の散らばりを四分位範囲で測り，値を小さくすることを考える。
⑤ 　各窓口の作業時間の散らばりを変動係数で測り，値を大きくすることを考える。

| 問11 |

　スマートフォンの利用状況を調査するために，ある県の100人の高校生を対象に1日当たりのスマートフォンの利用時間（単位：時間）を調査した。次の表は，調査結果の度数分布表である。

階級（単位：時間）		度数	相対度数
	1時間未満	8	0.08
1時間以上	2時間未満	20	0.20
2時間以上	3時間未満	18	0.18
3時間以上	4時間未満	17	0.17
4時間以上	5時間未満	10	0.10
5時間以上	6時間未満	9	0.09
6時間以上	7時間未満	7	0.07
7時間以上	8時間未満	5	0.05
8時間以上	9時間未満	3	0.03
9時間以上	10時間未満	3	0.03
	合計	100	1.00

　この度数分布表からわかることとして，次のI〜IIIの記述を考えた。

I．第3四分位数が5時間以上6時間未満にあることから，高校生の25％以上がスマートフォンを1日当たり5時間以上利用している。

II．1時間以上2時間未満の相対度数が0.20であることから，1日当たりのスマートフォンの利用時間が2時間未満の高校生は20％である。

III．スマートフォンを1日当たり6時間以上利用している高校生の人数は，1時間未満の高校生の人数の2倍以上である。

　この記述I〜IIIに関して，次の①〜⑤のうちから最も適切なものを一つ選べ。

　11

① 　Iのみ正しい。　　　　　② 　IIIのみ正しい。

③ 　IとIIのみ正しい。　　　④ 　IとIIIのみ正しい。

⑤ 　IとIIとIIIはすべて正しくない。

スマートフォンの利用状況を調査するために，ある県の 100 人の高校生を対象に 1 日当たりのスマートフォンの利用時間（単位：時間）を調査した。次の表は，調査結果の度数分布表である。

階級（単位：時間）		度数	相対度数
	1 時間未満	8	0.08
1 時間以上	2 時間未満	20	0.20
2 時間以上	3 時間未満	18	0.18
3 時間以上	4 時間未満	17	0.17
4 時間以上	5 時間未満	10	0.10
5 時間以上	6 時間未満	9	0.09
6 時間以上	7 時間未満	7	0.07
7 時間以上	8 時間未満	5	0.05
8 時間以上	9 時間未満	3	0.03
9 時間以上	10 時間未満	3	0.03
	合計	100	1.00

このデータに対する累積相対度数のグラフとして，次の①〜⑤のうちから最も適切なものを一つ選べ。 12

174

①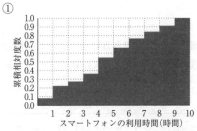

②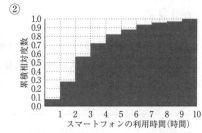

③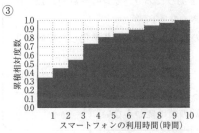

④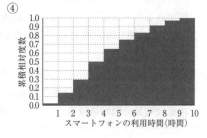

⑤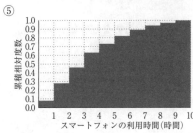

2変数データの分析において，各変数の関連性を数値でみることとした。各変数の関連性を表す指標である共分散と相関係数に関することとして，次のⅠ～Ⅲの記述を考えた。

Ⅰ．共分散は2つの変数の関係性の強さを測っており，2つの変数間に強い相関があるときに限り，共分散の値は大きくなる。

Ⅱ．2つの変数の相関係数と，その2つの変数をそれぞれ基準化した変数の共分散は一致する。

Ⅲ．2つの変数の一方のみ，単位を変更する（たとえば，身長と体重の相関関係を考える際に，身長の単位を m から cm に変更，など）とき，この2つの変数の共分散の値は変わるが相関係数の値は変わらない。

この記述Ⅰ～Ⅲに関して，次の①～⑤のうちから最も適切なものを一つ選べ。

13

① Ⅰのみ正しい。
② ⅠとⅡのみ正しい。
③ ⅡとⅢのみ正しい。
④ ⅠとⅢのみ正しい。
⑤ ⅠとⅡとⅢはすべて正しい。

問14

　全国からA地域とB地域の2地域を抽出した。この2つの地域における建物の床面積と価格の住宅情報を調べ，比較したところ，A地域における床面積と価格の相関係数は 0.8 であり，B地域における床面積と価格の相関係数は 0.7 であった。このときA地域とB地域を合わせた場合における床面積と価格の相関関係について，次のⅠ～Ⅲの記述を考えた。

> Ⅰ．A地域とB地域を合わせたデータで相関係数を求めると0に近い値になった。
>
> Ⅱ．A地域とB地域を合わせたデータで相関係数を求めると −1 に近い値になった。
>
> Ⅲ．A地域とB地域を合わせたデータで相関係数を求めると1に近い値になった。

　このⅠ～Ⅲの記述について，次の①～⑤のうちから最も適切なものを一つ選べ。
14

① 　Ⅰ，Ⅱ，Ⅲの記述のどれも正しいことはあり得ない。
② 　Ⅲの記述のみ正しいことがあり得る。
③ 　ⅠとⅢの記述のみ正しいことがあり得る。
④ 　ⅡとⅢの記述のみ正しいことがあり得る。
⑤ 　Ⅰ，Ⅱ，Ⅲの記述はそれぞれ正しいことがあり得る。

| 問 15 |

ある工場で，生産した製品が不良品である確率は 2% である。また，製品の品質検査を行う際に，その製品が良品であるときに正しく良品であると判断する確率も，不良品であるときに正しく不良品であると判断する確率も 99% である。このとき，不良品と判断された製品が，本当に不良品である確率として，次の①〜⑤のうちから最も適切なものを一つ選べ。　15

① 約 2%
② 約 50%
③ 約 67%
④ 約 95%
⑤ 約 99%

| 問 16 |

白の BB 弾を 75,000 個，黒の BB 弾を 25,000 個入れた水槽から無作為に 300 個を選ぶという実験装置があるとする。選んだ 300 個のうち黒の BB 弾の数を X とすると，X はおおむね二項分布 $B(300,\ 0.25)$ に従う。このとき，黒の BB 弾の数が 90 以上になる確率として，次の①〜⑤のうちから最も適切なものを一つ選べ。　16

① 0.3
② 0.2
③ 0.05
④ 0.02
⑤ 0.01

| 問 17 |

次の文章は，二項分布 $B(n, p)$ における p の信頼区間について述べたものである。

「標本の大きさを n，標本比率を $\hat{p}$ とする。$\hat{p}$ は確率変数であり，n が十分大きいとき平均 p，標準偏差 $\sqrt{p(1-p)/n}$ の正規分布にほぼ従う。したがって，$\hat{p}$ を標準化した確率変数 $Z = （ア）$ は標準正規分布にほぼ従うので，$-1.96 \leq （ア） \leq 1.96$ が 95％の確率で成り立つ。これを変形すると，$\hat{p} - （イ） \leq p \leq \hat{p} + （イ）$ となり，この区間が p を含む確率は 95％であることがわかる。この（イ）には未知の値 p が含まれるため，p の代わりに標本比率 $\hat{p}$ を用いることで p の近似的な信頼区間が得られる。」

この（ア），（イ）に当てはまるものとして，次の①〜⑤のうちから最も適切なものを一つ選べ。 17

① （ア）$\dfrac{\hat{p} - p}{\sqrt{p(1-p)}}$ 　　（イ）$1.96\sqrt{np(1-p)}$

② （ア）$\dfrac{\hat{p} - p}{\sqrt{p(1-p)/n}}$ 　　（イ）$1.96\sqrt{p(1-p)}$

③ （ア）$\dfrac{\hat{p} - p}{\sqrt{p(1-p)/n}}$ 　　（イ）$1.96\sqrt{p(1-p)/n}$

④ （ア）$\dfrac{\hat{p} - p}{\sqrt{np(1-p)}}$ 　　（イ）$1.96\sqrt{np(1-p)}$

⑤ （ア）$\dfrac{\hat{p} - p}{\sqrt{np(1-p)}}$ 　　（イ）$1.96\sqrt{p(1-p)/n}$

2 正解と解説

調査票の量的変数　　　　　　　　　　　　　　**正解　2**

　与えられた項目から量的変数を選ぶ問題である。

Q1. 量的変数ではない。性別は，男性，女性を示す質的変数であるので，量的変数ではない。

Q2. 量的変数ではない。当該アンケートにおいて年齢は，「1. 20代以下」「2. 30代」等とカテゴリー選択肢から選択するようになっているため，量的変数ではない。

Q3. 量的変数である。家族の人数は1人以上の数えられる数なので，量的変数である。

Q4. 量的変数ではない。「ペットを飼っていますか？」という質問の回答であるので，「はい」「いいえ」のいずれかを示す質的変数であり，量的変数ではない。

Q5. 量的変数である。質問の時間については，0分以上の計量できる値であるため，量的変数である。

　以上から，Q3とQ5の回答のみが量的変数なので，正解は②である。

PART
1
統計検定3級・4級
受験ガイド

PART
2
「3級」分野・項目
別の問題・解説

PART
3
「3級」模擬テスト

PART
4
「4級」分野・項目
別の問題・解説

PART
5
「4級」模擬テスト

APPENDIX
付表

問2　母集団と標本，回収率の理解　　正解　5

標本調査の意味と用語の定義について問う問題である。

母集団とは研究対象全体を表し，標本とは母集団の中から抽出した母集団の一部を表す。母集団の特徴を偏りなく知るため通常，標本はランダム（無作為）に抽出される。この問題では，母集団（研究対象全体）は「ある町における中学生全体」である（A には母集団が当てはまる）。

また，（回収率）＝（回答した人数）÷（調査用紙を配布した人数）のため，

$$\frac{490}{511} \fallingdotseq 0.959$$

となり，回収率は95.9%である（B）。

以上から，正解は⑤である。

なお，標本は調査用紙を配布した者を指す場合と，実際に回答した者を指す場合がある。

問3　実験研究の理解　　正解　4

実験研究に関する知識を問う問題である。

統計を用いた研究は大きく観察研究と実験研究に分けることができる。観察研究は対象者の自然な状態を観察する研究である。一方，実験研究では実施者の介入が必要で，調査対象者をいくつかのグループに無作為に分けて比較する。

Ⅰ．観察研究である。大学生を勉強に費やしている時間が3時間以上のグループと3時間未満のグループに分けているが，実施者の介入によるグループ分けでなく，対象者の自然な行動からグループ分けが行われているので実験研究でない。

Ⅱ．実験研究である。被験者を運動方法の異なる2つのグループに分けて3か月間ダイエットを実施している。いずれの運動方法を実施するかは，実施者が無作為にグループに分け，運動方法を割り当てているので実験研究である。

Ⅲ．観察研究である。ある市の有権者に対して，現市長の支持率をそのままの状態で観察しており，複数のグループの比較は実施していないので実験研究でない。

以上から，Ⅱのみが実験研究なので，正解は④である。

問題文で示したグラフは，グループに分けることにより結果が変わるか否かを検討するためのものである。直線の傾きが大きく異なるときはグループによる結果が大きく変わることを表す。

本問ではともに治療法Aの改善割合が高いため，2つの年齢層の直線は平行に近い。①〜⑤のグラフの値は次のように求めたものである。

①：誤り。年齢によるグループごとに，改善した被験者総数に対して，治療法別に該当する被験者の割合を表した値である。

②：誤り。年齢によるグループごとに，総人数に対する改善した被験者の割合を治療法別に表した値である。

③：誤り。年齢によるグループごとに，治療法Aを受けた被験者に対して改善しなかった被験者の割合，治療法Bを受けた被験者に対して改善しなかった被験者の割合を表した値である。

④：誤り。年齢によるグループごとに，改善しなかった被験者総数に対して，治療法別の該当する被験者割合を表した値である。

⑤：正しい。各治療の改善割合は65歳未満で治療法Aでは約72.3%，治療法Bでは約60.3%である。65歳以上で治療法Aでは約40.1%，治療法Bでは約21.7%である。この内容が適切に反映されたグラフであるので正しい。

よって，正解は⑤である。

問5　散布図と箱ひげ図　正解　1

(A) 数学の最小値は24点であり，最大値が98点，中央値は $\dfrac{69+73}{2} = 71$〔点〕である。また，第1四分位数は65点，第3四分位数は76.5点である。したがって，数学の箱ひげ図は**イ**である。

(B) 英語の最小値は40点であり，最大値が93点，中央値は $\dfrac{65+76}{2} = 70.5$〔点〕である。また，第1四分位数は56点，第3四分位数は85.5点である。したがって，英語の箱ひげ図は**ロ**である。

よって，正解は①である。

問6　累積度数分布のグラフの理解　　正解　2

　与えられた度数分布表より累積度数を計算し，適切な統計グラフを選択する問題である。

　与えられた度数分布表に累積度数（3列目）を追加すると次の表が得られる。

通学時間（分）	度数	累積度数
0 以上　20 未満	25	25
20 以上　40 未満	34	59
40 以上　60 未満	46	105
60 以上　80 未満	38	143
80 以上 100 未満	34	177
100 以上 120 未満	14	191
120 以上 140 未満	21	212
140 以上 160 未満	14	226
160 以上 180 未満	8	234
180 以上 200 未満	1	235
200 以上 220 未満	2	237

①：誤り。累積度数ではなく，度数を表しているので誤り。

②：正しい。上表の累積度数を適切に表している。

③：誤り。全体に表で示された累積度数の値より図の値が低いので誤り。たとえば，60 未満の累積度数 105，120 未満の累積度数 191，160 未満の累積度数 226 よりも低い値を表している。

④：誤り。縦軸を見ると累積度数ではなく，累積相対度数（累積度数 / 全数）を表しているので誤り。

⑤：誤り。間違った累積度数③に対する累積相対度数を表しているので誤り。

　　よって，正解は②である。

| 問7 | 統計表の読み取り | 正解 4 |

与えられた表から情報を適切に読み取る問題である。

①：誤り。この表からは事前調査で否定的な印象を持っていた人が，事後調査でも否定的な印象であったかどうかわからないので誤り。

②：誤り。事前調査では否定的な印象を持っていた人（7.3%）よりも肯定的な印象を持っていた人（16.6%）のほうが多いので誤り。

③：誤り。事後調査で否定的な印象またはどちらかというと否定的な印象を持つ人は，19.0 + 13.8 = 32.8〔%〕であり，3分の1より少ないので誤り。

④：正しい。肯定的な印象またはどちらかというと肯定的な印象を持つ人は，事前調査では 16.6 + 24.9 = 41.5〔%〕，事後調査では 6.1 + 18.7 = 24.8〔%〕であり，事前調査のほうが事後調査よりも多いので正しい。

⑤：誤り。この表からは2月以外の情報はわからないので誤り。

よって，正解は④である。

| 問8 | 分布とその代表値の読み取り | 正解 3 |

与えられたデータから分布の形状や代表値について考察する問題である。

Ⅰ．正しい。最小値と最大値の中点である 13.5 より小さい数が 10 個なのに対して，13.5 より大きい数は 2 個で，それらは，大きい数，すなわち右にいくほどデータの間隔が広くなる傾向がある。つまり，この分布は右の裾が長い分布であるので正しい。

Ⅱ．誤り。最頻値は最も頻繁に出現する数 = 4 であり，中央値は小さいほうから 6 番目と 7 番目の数の平均値 $\frac{4+5}{2} = 4.5$ であるので，両者は等しくないため誤り。

Ⅲ．正しい。平均値は $\frac{95}{12} \fallingdotseq 7.91667$ から $\frac{119}{13} \fallingdotseq 9.15385$ になり，その変化は約 1.24 となる。一方，中央値は 4.5 から 5 になり，その変化は 0.5 である。平均値の変化のほうが大きいので正しい。

以上から，記述ⅠとⅢのみ正しいので，正解は③である。

問9　時系列データの指標化　　　　正解　3

　与えられた統計グラフから情報を読み取り，解釈を行い，適切な統計グラフを選択する問題である。

　問題に示された海外に出国する日本人に対する訪日する外国人旅行者の比の定義に合わせて，訪日外国人旅行者数と出国日本人数の折れ線グラフを読み取ると，以下のことがわかる。

　(a) 2003 年から 2007 年までは，海外に出国する日本人に対する訪日する外国人旅行者の比は，約 0.4 から約 0.5 の間で推移する。

　(b) 2011 年以降，訪日外国人旅行者数が増加し，逆に出国日本人数は 2012 年以降減少している。その結果として，海外に出国する日本人に対する訪日する外国人旅行者の比は，上昇する。

　(c) 2015 年には，訪日外国人旅行者数は，初めて出国日本人数を逆転していることから，海外に出国する日本人に対する訪日する外国人旅行者の比は，初めて 1.0 を上回る。

①：誤り。2003 年から 2007 年までの海外に出国する日本人に対する訪日する外国人旅行者の比が 0.6 を上回っており，(a) に反するので誤り。

②：誤り。2015 年の海外に出国する日本人に対する訪日する外国人旅行者の比が 1.0 未満であり，(c) に反するので誤り。

③：正しい。折れ線グラフの形状は，海外に出国する日本人に対する訪日する外国人旅行者の比に関する (a)，(b)，(c) および実際の比を満たしているので，正しい。

④：誤り。2014 年の海外に出国する日本人に対する訪日する外国人旅行者の比が 1.0 を超えており，(c) に反するので誤り。

⑤：誤り。2003 年から 2006 年までの海外に出国する日本人に対する訪日する外国人旅行者の比が 0.4 を大きく下回っており，(a) に反するので誤り。

　よって，正解は③である。

分布の特徴を踏まえた散布度　　　**正解　4**

この問題は，外れ値がある場合の散らばりの大きさを測る尺度について問う問題である。問題文の中に「外れた観測値の影響を受けにくい指標」という記述があるので，標準偏差，分散，範囲は適切ではない。変動係数も標準偏差に基づいているため，これも適切であるとはいえない。よって，四分位範囲を用いた④が最も適切である。

問11　度数分布表の読み取り　　　**正解　4**

与えられた度数分布表より，累積相対度数を求めると，次の表のようになる。

階級（単位：時間）	度数	相対度数	累積相対度数
1時間未満	8	0.08	0.08
1時間以上　2時間未満	20	0.20	0.28
2時間以上　3時間未満	18	0.18	0.46
3時間以上　4時間未満	17	0.17	0.63
4時間以上　5時間未満	10	0.10	0.73
5時間以上　6時間未満	9	0.09	0.82
6時間以上　7時間未満	7	0.07	0.89
7時間以上　8時間未満	5	0.05	0.94
8時間以上　9時間未満	3	0.03	0.97
9時間以上　10時間未満	3	0.03	1.00

Ⅰ．正しい。上記の表より，第3四分位数は「5時間以上　6時間未満」にある。

Ⅱ．誤り。上記の表より，利用時間が2時間未満の高校生の割合，すなわち「1時間以上　2時間未満」までの累積相対度数は0.28であるから28％である。

Ⅲ．正しい。上記の表より，6時間以上利用している相対度数は全体から「5時間以上　6時間未満」までの累積相対度数を引けばよいので，$1 - 0.82 = 0.18$である。これは「1時間未満」の相対度数である0.08の2.25倍である。

以上から，ⅠとⅢのみが正しいので，正解は④である。

問12　累積相対度数のグラフ　　　　　正解　5

与えられた度数分布表より累積相対度数のグラフを読み取る問題である。

階級（単位：時間）	度数	相対度数	累積相対度数
1時間未満	8	0.08	0.08
1時間以上　　2時間未満	20	0.20	0.28
2時間以上　　3時間未満	18	0.18	0.46
3時間以上　　4時間未満	17	0.17	0.63
4時間以上　　5時間未満	10	0.10	0.73
5時間以上　　6時間未満	9	0.09	0.82
6時間以上　　7時間未満	7	0.07	0.89
7時間以上　　8時間未満	5	0.05	0.94
8時間以上　　9時間未満	3	0.03	0.97
9時間以上　　10時間未満	3	0.03	1.00

　上記の表より，「1時間未満」,「1時間以上　2時間未満」,「2時間以上　3時間未満」までの累積相対度数を順に比較して考える。

①：誤り。2時間未満の累積相対度数は 0.28 であるがこれに反することから誤り。

②：誤り。3時間未満の累積相対度数は 0.46 であるがこれに反することから誤り

③：誤り。1時間未満の相対度数は 0.08 であるがこれに反することから誤り。

④：誤り。1時間未満の相対度数は 0.08 であるがこれに反することから誤り。

⑤：正しい。他の時間を含めすべての累積相対度数が正しい。

　よって，正解は⑤である。

共分散と相関係数に関する知識を問う問題である。

Ⅰ．誤り。2つの変数間の相関が弱くても，各変数の分散が大きいときに共分散の値は大きくなるので誤り。

Ⅱ．正しい。x と y を基準化して，それぞれ，$\tilde{x}_i = \dfrac{x_i - \bar{x}}{s_x}$，$\tilde{y}_i = \dfrac{y_i - \bar{y}}{s_y}$ $(i = 1, 2, \ldots, n)$ と表すと，$\tilde{x}$ と $\tilde{y}$ の共分散は次のようになる。

$$\frac{1}{n}\sum_{i=1}^{n}\left(\frac{x_i - \bar{x}}{s_x}\right)\left(\frac{y_i - \bar{y}}{s_y}\right) = \frac{s_{xy}}{s_x s_y}$$

ここで，s_x，s_y はそれぞれ x と y の標準偏差，s_{xy} は2変数の共分散である。これは，x と y の相関係数と一致するので正しい。

Ⅲ．正しい。2つの変数の一方のみ単位を変更することで，たとえば数値が100倍となると，共分散の値も100倍となる。一方，基準化した変数は単位の影響を受けず，Ⅱより相関係数の値は変わらないので正しい。

以上から，正しい記述はⅡとⅢのみなので，正解は③である。

問14　相関係数の特徴理解　　　正解　5

　この問題は，シンプソンのパラドックスを踏まえた相関係数の性質を問う問題である。たとえば下のイメージ図のようにともに正の相関を持つ2つのグループが配置によってはさまざまな分布になることがわかる（左から，相関係数が1に近い正の相関，相関係数が −1 に近い負の相関，相関係数が0に近い無相関）。よって，Ⅰ，Ⅱ，Ⅲの記述はそれぞれ正しいことがあり得るとした⑤が正解である。

問15　条件付き確率　　　正解　3

　実際の状況の中で条件付き確率を活用することができるかどうかを問う問題である。ここでは，不良品と判断されたということを条件付けたときに，本当に不良品である条件付き確率を求める必要がある。不良品である確率は 0.02 であり，そのうち不良品と判断される確率が 0.99 であるから，「不良品で，かつ，不良品と判断される」確率は $0.02 \times 0.99 = 0.0198$ となる。

　一方，不良品でない確率が 0.98 で，そのうち不良品であると判断される確率は $1 - 0.99 = 0.01$ であるから，「不良品でなく，かつ，不良品と判断される」確率は $0.98 \times 0.01 = 0.0098$ となる。よって，「不良品と判断される」確率は $0.0198 + 0.0098 = 0.0296$ となる。

　求める条件付き確率は，「不良品で，かつ，不良品と判断される」確率を「不良品と判断される」確率で割ったものであるから，$0.0198 \div 0.0296 = 0.669$，すなわち約 67% である。

　よって，正解は③である。

正規近似と二項分布

黒の BB 弾の数 X は二項分布 $B(300,\ 0.25)$ に従う。求める確率は $P(X \geq 90)$ である。この二項分布を平均 $300 \times 0.25 = 75$，分散 $300 \times 0.25 \times (1 - 0.25) = 56.25$ の正規分布で近似すると，

$$P(X \geq 90) \fallingdotseq P\left(Z \geq \frac{90 - 75}{\sqrt{56.25}}\right)$$
$$= P(Z \geq 2)$$
$$= 0.0228$$

となる（Z は標準正規分布に従う確率変数である）。

よって，正解は④である。

比率の信頼区間

標本比率 $\hat{p}$ は n が十分大きいとき平均 p，標準偏差 $\sqrt{p(1-p)/n}$ の正規分布にほぼ従う。よって，$\hat{p}$ を標準化した $Z = \dfrac{\hat{p} - p}{\sqrt{p(1-p)/n}}$ は標準正規分布にほぼ従う。したがって，$P(-1.96 \leq Z \leq 1.96) = 0.95$ となり，分母を払って整理すると，

$P(\hat{p} - 1.96\sqrt{p(1-p)/n} \leq p \leq \hat{p} + 1.96\sqrt{p(1-p)/n}) = 0.95$

となる。このことより，

(ア) $\dfrac{\hat{p} - p}{\sqrt{p(1-p)/n}}$

(イ) $1.96\sqrt{p(1-p)/n}$

である。

よって，正解は③である。

[4級] 分野・項目別の問題・解説

PART4 では，統計検定 4 級試験の出題範囲の分野・項目別に本試験と同程度の難易度の問題を掲載する。各問題の正解および解説をすぐに確認できるように構成している。出題範囲の確認と本試験のレベルを体感してほしい。

統計的問題解決の方法

問1　PPDAC サイクル

統計的問題解決の説明として，次の①〜⑤のうちから最も適切なものを一つ選べ。

① インターネットを使った調査は一人で何度も回答する可能性があるので，統計的問題解決ではインターネットを使った調査は行ってはいけない。

② 統計的問題解決とは，データを集めることから始めて，整理・分析をする中で，何が問題なのかを明確化し，解決案を提示することである。

③ 統計的問題解決のサイクルは，PDCA サイクルと呼ばれる「計画→実行→確認→改善」の4段階を繰り返して行い，徐々に問題を解決する方法である。

④ 統計的問題解決を行う際には，データの解析法の知識を身につけるだけでなく，データの収集計画やデータの整理方法などについても，しっかり考えておく必要がある。

⑤ 1回のサイクルだけで問題を解決することがよく，そのためには，統計的問題解決のサイクルの最初に行う「解決したい問題を整理する」段階で問題を明確化することが大切である。

PART
1
統計検定3級・4級
受験ガイド

PART
2
［3級］分野・項目
別の問題・解説

PART
3
［3級］模擬テスト

PART
4
［4級］分野・項目
別の問題・解説

PART
5
［4級］模擬テスト

APPENDIX
付表

問1の解説　　　　　　　　　　　　　　　　　　　　正解　4

①：誤り。インターネットを使った調査は，場所や時間を特定することなく実施できる調査として広く利用されている。しかし，同一人物が複数回回答できることや，回答者がインターネット利用者に限られることなどを考慮する必要がある。

②：誤り。統計的問題解決は，まず初めに問題を定義し，必要なデータを収集，整理・分析して解決案を提示することである。

③：誤り。統計的問題解決のサイクルは，PPDACサイクルと呼ばれる「問題→計画→データ→分析→結論」の5段階を繰り返して問題を解決する方法である。

④：正しい。問題を正しくとらえ，問題に合ったデータを収集することで，信頼性の高い分析結果を得ることができ，適切な解決策を見つけることができる。

⑤：誤り。統計的問題解決のサイクルは，複数回実行するほうがよい。

次の表は「人気職業ランキング（2023年1月1日〜1月31日）」のうち1位から10位の結果をまとめたものである。

順位	人気職業
1位	プロスポーツ選手
2位	ユーチューバー（YouTuber）
3位	イラストレーター
4位	美容師
5位	パティシエ
6位	保育士
7位	医師
8位	警察官
9位	漫画家
10位	看護師

資料：13歳のハローワーク公式サイト「人気職業ランキング」

インターネットでこの結果を見たA中学校の太郎さんらのグループは，女子と男子，各学年で人気職業にどのような違いがあるのかに興味を持ち，自分たちの中学校で調査してみることにした。「あなたの将来就きたいと思っている職業を教えてください。」以外の調査項目として，次の（ア），（イ），（ウ）を考えた。学年ごとに女子と男子に分けて集計するために，調査項目として必要があるものには○を，必要がないものには×を付けるとき，その組合せとして，下の①〜⑤のうちから最も適切なものを一つ選べ。

（ア）　あなたの特技を教えてください。

（イ）　あなたの性別を教えてください。

（ウ）　あなたの学年を教えてください。

① （ア）○　　　（イ）○　　　（ウ）○
② （ア）○　　　（イ）○　　　（ウ）×
③ （ア）×　　　（イ）○　　　（ウ）○
④ （ア）×　　　（イ）○　　　（ウ）×
⑤ （ア）×　　　（イ）×　　　（ウ）○

問2の解説　　　　　　　　　　　　　　　　正解　3

　アンケート調査に関する内容を適切に読み取る問題である。

（ア）誤り。今の特技が将来就きたいと思っている職業と関係があるかないか
　はわからないので，誤りである。

（イ）正しい。女子と男子に分けて集計したいため，調査項目に性別は必要で
　あるので，正しい。

（ウ）正しい。学年ごとに集計したいため，調査項目に学年は必要であるので，
　正しい。

　以上から，正しい記述は（イ）と（ウ）のみなので，正解は③である。

はるきさんは，日光が植物の成長に影響を与えるかどうかを調べようとしている。
次の①〜⑤の調べ方のうちから最も適切なものを一つ選べ。

①　同じ種類の植物を2個用意し，日光が同じように当たる場所で，1個は日光を
さえぎった状態で，残りの1個は日光の当たる状態で育て，10日後に伸びた長
さを測定する。

②　1個ずつすべて異なる種類の植物を20個用意し，日光が同じように当たる場
所で，10個は日光をさえぎった状態で，残りの10個は日光の当たる状態で育て，
10日後に伸びた長さを測定する。

③　同じ種類の植物を20個用意し，日光が同じように当たらない場所で，10個は
日光をさえぎった状態で，残りの10個は日光の当たる状態で育て，10日間に伸
びた長さを測定する。

④　異なる種類の植物を2個用意し，日光が同じように当たる場所で，1個は日光
をさえぎった状態で，残りの1個は日光の当たる状態で育て，10日後に伸びた
長さを測定する。

⑤　10種類の植物をそれぞれ2個用意し，日光が同じように当たる場所で，どの
種類も1個は日光をさえぎった状態で，残りの1個は日光の当たる状態で育て，
10日後に伸びた長さを測定する。

問3の解説

正解　5

　目的に沿って因果関係を明らかにする調査方法を計画することができるかど
うかをみる問題である。植物の種類によらず，日光が植物の成長に影響を与え
るかどうかを調べるためには，なるべく多く複数種類の植物を2個ずつ用意し，
それぞれを日光の有無のみ変えた環境で育て，同じ期間において伸びた長さを
測定する方法を選択する必要がある。

　よって，正解は⑤である。

問4　アンケート調査

　ある高校において，直近のテストにおける成績と家庭学習の時間との関係を調べるために，家庭での学習時間に関するアンケート調査を行うこととした。

　調査の方法について，次の（ア），（イ）の意見があった。調査の方法として正しいものには○を，誤っているものには×を付けるとき，その組合せとして，下の①〜④のうちから最も適切なものを一つ選べ。

（ア）　この高校の生徒の成績と家庭学習時間の関係性を検討するには，必ず生徒全員を調査しなければならない。

（イ）　生徒を学習時間の短いグループと長いグループの2つに分けて調査するべきである。

---

①　（ア）○　　　（イ）○
②　（ア）○　　　（イ）×
③　（ア）×　　　（イ）○
④　（ア）×　　　（イ）×

問4の解説　　　　　　　　　　　　　　　正解　4

　適切な調査方法について問う問題である。

（ア）誤り。必ずしも生徒全員を調査する必要はないので誤り。

（イ）誤り。必ずしも学習時間の長さに応じて2つのグループに分けなくても，学習時間と成績を調べればよいので誤り。

　以上から，（ア），（イ）どちらも誤りなので，正解は④である。

PART 1 統計検定3級/4級 受験ガイド

PART 2 [3級]分野・項目 別の問題・解説

PART 3 [3級]模擬テスト

PART 4 [4級]分野・項目 別の問題・解説

PART 5 [4級]模擬テスト

APPENDIX 付表

データの種類

量的データ

次のうちで，量的データの組合せとして，下の①〜⑤のうちから最も適切なもの
を一つ選べ。

A　東京マラソン 2016 のマラソン種目に参加したランナーのタイム

B　わんぱく相撲大会に参加した小学生の握力

C　2015 年 10 月現在，福岡県に住んでいる住民の誕生年の元号

---

①　Aのみ

②　Bのみ

③　AとBのみ

④　BとCのみ

⑤　AとBとC

PART
1
統計検定3級・4級
受験ガイド

PART
2
［3級］分野・項目
別の問題・解説

PART
3
［3級］模擬テスト

PART
4
［4級］分野・項目
別の問題・解説

PART
5
［4級］模擬テスト

APPENDIX
付表

問 1 の解説　　　　　　　　　　　　　　　正解　3

　質的データと量的データの違いを理解しているかどうかを問う問題である。
　統計の調査項目は，大きく質的データと量的データに分けることができる。
質的データは，分類されたカテゴリーの中からどのカテゴリーをとったかを記
録したものである。一方，量的データは，大きさや量など，数量を記録したデー
タである。
A．量的データである。マラソンのタイムは，2 時間 6 分 56 秒，2 時間 45 分
　55 秒のような数値からなる量的データである。
B．量的データである。握力は，30.5kg，24.9kg のような数値からなる量的
　データである。
C．質的データである。元号は，明治，大正，昭和，平成のようなカテゴリー
　から 1 つ選んだ質的データである。
　以上から，量的データは A と B のみなので，正解は③である。

量的データ

次のうちで，量的データの組合せとして，下の①〜⑤のうちから最も適切なもの
を一つ選べ。

A　2014年8月の東京の毎日の最高気温
B　父が血圧を毎朝測定したか否かの記録
C　ある生徒の日々の出欠席の記録

① Aのみ
② AとCのみ
③ BとCのみ
④ AとBとC
⑤ Cのみ

問2の解説　　　　　　　　　　　　　　　　　　正解　1

　質的データと量的データの違いを理解しているかどうかを問う問題である。

　量的データでは平均値が求められるが，質的データでは平均値が現実的な意味を持たない，あるいは平均値を求めることができない。この点について，追記して説明する。

A．量的データである。2014年8月の東京の毎日の最高気温は，33.5度，35.3度，…，25.7度のような数値からなる量的データである。

B．質的データである。毎朝の血圧を測定したか否かの記録は，「測定した」，「測定しなかった」の中から1つのカテゴリーをとるような質的データである。

C．質的データである。ある生徒の出欠席の記録は，「出席」，「欠席」のカテゴリー中から1つのカテゴリーをとるような質的データである。

　以上から，量的データはAのみなので，正解は①である。

［補足］

　量的データでは平均値が求められる。たとえば，2014年8月の東京の最高気温の平均値は，$(33.5 + 35.3 + \cdots + 25.7) \div 31 \fallingdotseq 31.2$〔度〕となるが，この平均値は他の月でも平均値を求めることで現実的な意味を持っている。一方で，BやCのように2つのカテゴリーを持つ質的データについては，たとえば，一方を1，他方を0として平均値を求めることで，測定した割合や出席の割合が計算できる。しかし，3つ以上のカテゴリーを持つ質的データについてはカテゴリーの平均値を求めることは考えない。

次のうちで，質的データの組合せとして，下の①〜⑤のうちから最も適切なものを一つ選べ。

A　ある中学校の先生の生年月日の月

B　月曜日午前6時から7時までの各テレビ局の番組の視聴率

C　太郎君のクラスにおける英語のテストの得点

---

①　Aのみ　　②　AとCのみ　　③　BとCのみ　　④　Bのみ　　⑤　Cのみ

問3の解説　　　　　　　　　　　　　　　正解　1

質的データと量的データの違いを理解しているかどうかを問う問題である。

A．質的データである。誕生月は，生まれた月によって1月，2月，…，12月の中から1つのカテゴリーをとる質的データである。

B．量的データである。テレビ番組の視聴率は，10%，20%のような数値からなる量的データである。

C．量的データである。テストの得点は，65点，80点のような数値からなる量的データである。

以上から，質的データはAのみなので，正解は①である。

［補足］

問2でみたように，量的データでは現実的な意味のある平均値が求められるが，質的データでは現実的な意味のある平均値が求められない。

A．1月と12月の平均値6.5月は現実的な意味を持たない。ただし，「誕生年と誕生月」を組み合わせると量的データとして扱うことができる場合がある。

B．あるテレビ番組を100世帯当たり12世帯で視聴していたとすると，このテレビ番組の視聴率12%は現実的な意味を持つ。

C．65点と80点の平均値72.5点は現実的な意味を持つ。

問4　質的データ

次のうちで，質的データの組合せとして，下の①〜⑤のうちから最も適切なものを一つ選べ。

A　ある中学校の2年生男子の身長
B　期末テストの得点
C　ある病気の患者がある薬を飲んだときの治療効果について，改善，不変，悪化の記録

---

① Aのみ
② AとCのみ
③ BとCのみ
④ AとBとC
⑤ Cのみ

問4の解説　　　　　　　　　　　　　　正解　5

　質的データと量的データの違いを理解しているかどうかを問う問題である。
A．量的データである。身長は，165.0cm，170.5cm のような数値からなる量的データである。
B．量的データである。期末テストの得点は，75点，80点のような数値からなる量的データである。
C．質的データである。ある病気の患者がある薬を飲んだときの治療効果について，改善，不変，悪化の記録の中から1つのカテゴリーをとる質的データである。
　以上から，質的データはCのみなので，正解は⑤である。

標本調査

問1 母集団と標本

　A高校には男女合わせて320人の1年生が在籍している。この1年生全員について学籍番号のリストを作成し，このリストから乱数を用いて10人の生徒を選んだ。その結果，選ばれた全員が男子であった。このとき適切なものを，次の①〜④のうちから一つ選べ。

① 母集団は全国の高校であり，標本はA高校である。
② 母集団はA高校の1年生全員であり，標本は選ばれた10人の生徒である。
③ 母集団はA高校の生徒全員であり，標本は選ばれた1年生10人である。
④ 母集団はA高校の1年生男子全員であり，標本は選ばれた1年生男子10人である。

問 1 の解説　　　　　　　　　　　　　　　正解　2

　標本調査についての記述から母集団や標本を特定する問題である。

　母集団は調査対象の全体であり，標本は選ばれた対象である。この例では母集団は「A 高校の男女合わせて 320 人の 1 年生」であり，標本は「選ばれた 1 年生 10 人の生徒」である。

①：誤り。母集団は「全国の高校」ではなく，標本も「A 高校」ではないので，母集団，標本ともに誤りである。

②：正しい。母集団，標本ともに正しい。

③：誤り。母集団は「A 高校の生徒全員」ではないので誤りである。

④：誤り。「選ばれた全員が男子」という記述は標本についての付帯的な情報である。標本の選ばれ方によってはこのようなことが生じることがある。また，母集団は「A 高校の 1 年生男子全員」ではないので，母集団，標本ともに誤りである。

　よって，正解は②である。

アンケート調査に関する次の説明がある。

「ある市で，高校生を対象に日曜日の過ごし方に関するアンケートを実施した。市内には高校が3校あり，それぞれの生徒数は700人，600人，500人である。この合計1,800人の中から無作為抽出により300人を選んでアンケートを実施した。この場合，市内の3校の高校生全体を（ア），アンケートの対象として選んだ人数300を（イ）と呼ぶ。」

上の文章内の（ア），（イ）の組合せとして，次の①〜⑤のうちから最も適切なものを一つ選べ。

① （ア）母集団　　　（イ）標本の大きさ
② （ア）母集団　　　（イ）標本抽出
③ （ア）標本　　　　（イ）標本の大きさ
④ （ア）標本　　　　（イ）母集団
⑤ （ア）全体集合　　（イ）母集団

問2の解説　　　　　　　　　　　　　　　　　　　　　　**正解　1**

標本調査に関する知識を問う問題である。
（ア）「市内の高校生全体」は調査対象の全体であるから，母集団である。
（イ）「選んだ人数300」は母集団から無作為抽出により得られた標本に含まれる人数（個数）であるから，標本の大きさである。
　　よって，正解は①である。

問3　公的統計

　家計調査は，国民生活における家計収支の実態を把握し，経済政策・社会政策の立案のための基礎資料を提供することを目的として実施されている。この家計調査はどの機関で実施されているか。次の①～⑤のうちから適切なものを一つ選べ。

① 内閣府
② 総務省
③ 厚生労働省
④ 経済産業省
⑤ 文部科学省

問3の解説

正解　2

　国が実施する公的統計調査の実施機関を問う問題である。

　公的統計とは，国の行政機関・地方公共団体などが作成する統計をいう。「家計調査」は総務省が実施している公的統計調査である。家計調査は，一定の統計上の抽出方法に基づき選定された全国約9千世帯の人々を対象として，家計の収入・支出，貯蓄・負債などを毎月調査している。

①：誤り。内閣府は，他の統計を加工して「国民経済計算」を作成している。

②：正しい。総務省は「家計調査」をはじめ，国勢調査，労働力調査，社会生活基本調査など多くの調査を行っている。

③：誤り。厚生労働省は，人口動態統計，毎月勤労統計など多くの調査を行っている。

④：誤り。経済産業省は，経済産業省生産動態統計，商業動態統計など多くの調査を行っている。

⑤：誤り。文部科学省は，学校基本統計，学校保健統計，学校教員統計，社会教育統計の4つの調査を行っている。

　よって，正解は②である。

無作為抽出

A 高校の 2 年生は 9 クラスあり，各クラスには 40 人ずつ，合計 360 人の生徒がいる。この学年において，無作為抽出による大きさ 45 の標本調査を行うことを考える。コンピュータを用いて 0 以上 1 未満の実数値による擬似乱数を発生させる。無作為抽出の方法について，次の①〜⑤のうちから最も適切なものを一つ選べ。

① クラスごとに生徒に 1 〜 40 の番号を付ける。次に，擬似乱数を 5 回発生させたうえで 40 倍し，小数点以下を切り捨て 1 を足した値の番号の生徒を調査対象とする。

② この学年の全生徒に 1 〜 360 の番号を付ける。次に，擬似乱数を発生させたうえで 360 倍し，小数点以下を切り捨て 1 を足す。これにより 45 個の異なる数値が出るまで続け，対応する番号を持つ生徒を調査対象とする。

③ クラスごとに生徒に 1 〜 40 の番号を付ける。次に，擬似乱数を 5 回発生させたうえで 9 倍し，小数点以下を切り捨て 1 を足した値の番号の生徒を調査対象とする。

④ この学年の全生徒に 1 〜 360 の番号を付ける。次に，擬似乱数を 45 回発生させたうえで 40 倍し，小数点以下を切り捨て 1 を足した値の番号の生徒を調査対象とする。

⑤ この学年の全生徒に 1 〜 360 の番号を付ける。次に，調査者が適当に番号を選択する。

問4の解説

正解　2

単純無作為抽出を実施する方法を問う問題である。

単純無作為抽出は 360 人からクラス等の条件に関係なく 45 人を選ばなければならない。たとえば，各クラスから 5 人ずつ選ぶのは単純無作為にはならない。

①：誤り。各クラスの同じ番号の生徒を抽出するため，この学年全体から無作為に抽出することにならないので誤り。

②：正しい。学年全体を対象として無作為に 45 名を抽出するための適切な単純無作為抽出法になっているので正しい。

③：誤り。各クラスの 1 ～ 9 番までの番号を付けた生徒しか抽出できないので誤り。

④：誤り。この学年の 1 ～ 40 番までの番号を付けた生徒しか抽出できないので誤り。

⑤：誤り。無作為でないため，選び方に偏りが生じるおそれがあるので誤り。

よって，正解は②である。

PART
2
「3 級」分野・項目
別の問題・解説

PART
3
「3 級」模擬テスト

PART
4
「4 級」分野・項目
別の問題・解説

PART
5
「4 級」模擬テスト

APPENDIX
付表

統計グラフ

CATEGORY 4

問1　棒グラフ

　ある中学校では，スポーツ大会の実施種目を決めるために，生徒160人に希望するスポーツを調査して棒グラフで表した。

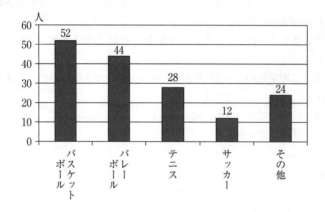

　このグラフから読み取れることとして，次の（ア）〜（ウ）の意見が出された。3つの意見について，正しい意見には○を，誤った意見には×を付けるとき，その正誤の組合せとして，下の①〜⑤のうちから最も適切なものを一つ選べ。

（ア）　生徒の希望が一番多いのはバスケットボールである。

（イ）　バスケットボールとバレーボールの2種目の実施で，少なくとも $\frac{2}{3}$ の生徒の希望がかなう。

（ウ）　バスケットボール，バレーボールとテニスの3種目の実施で，少なくとも $\frac{3}{4}$ の生徒の希望がかなう。

---

① （ア）○　　　（イ）×　　　（ウ）○
② （ア）×　　　（イ）○　　　（ウ）×
③ （ア）○　　　（イ）×　　　（ウ）×
④ （ア）×　　　（イ）○　　　（ウ）○
⑤ （ア）○　　　（イ）○　　　（ウ）○

問1の解説　　　　　　　　　　　　　　　　　　　正解　1

　棒グラフは，分類されたカテゴリーの度数を調べたり，複数のカテゴリーの度数の大小を比較したりするために用いられるグラフである。本問は，複数のカテゴリーの度数の合計を読み取り，これらの度数の合計が全体の度数に対してどのような割合かを問うた問題である。

（ア）正しい。バスケットボールを選んだ生徒は 52 人であり，この種目の度数が一番多いので正しい。

（イ）誤り。バスケットボールを選んだ生徒とバレーボールを選んだ生徒の合計は，$52 + 44 = 96$〔人〕である。全体の度数が 160 人であるので，全体の度数に対する 2 種目の合計の度数の割合は，$\dfrac{96}{160} = \dfrac{3}{5}\left(= \dfrac{9}{15}\right)$ となり，$\dfrac{2}{3}\left(= \dfrac{10}{15}\right)$ より小さいので誤り。

（ウ）正しい。バスケットボールを選んだ生徒，バレーボールを選んだ生徒とテニスを選んだ生徒の合計は，$52 + 44 + 28 = 124$〔人〕であり，全体の度数が 160 人であるので，全体の度数に対する 3 種目の合計の度数の割合は，$\dfrac{124}{160} = \dfrac{31}{40}$ となり，$\dfrac{3}{4}\left(= \dfrac{30}{40}\right)$ より大きいので正しい。

　以上から，正しい記述は（ア）と（ウ）のみなので，正解は①である。

ある学校での今学期の落とし物の種類について，件数の多い順の6種類とその他に分けて表にした。

落とし物の種類	件数
タオル	42
ハンカチ	18
下じき	15
じょうぎ	15
家のかぎ	9
体操服	9
その他	15
合計	123

上の表を円グラフで表す場合，次の①～④のうちから最も適切なものを一つ選べ。

①

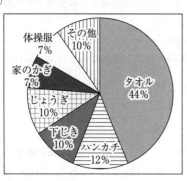

②

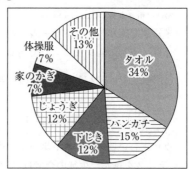

③ ④

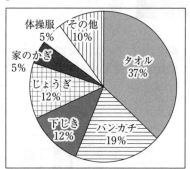

PART
1
統計検定3級・4級
受験ガイド

PART
2
「3級」分野・項目
別の問題・解説

PART
3
「3級」模擬テスト

PART
4
「4級」分野・項目
別の問題・解説

PART
5
「4級」模擬テスト

APPENDIX
付表

問2の解説 　　　　　　　　　　　　　　　　　　　　　　正解　2

　割合（相対度数）は「度数÷総度数」で求められ，順に 0.341, 0.146, 0.122, 0.122, 0.073, 0.073, 0.122 となる（いずれも小数第4位を四捨五入）。これより②が正解であるとわかる。また，電卓を用いなくても，「家のかぎ」「体操服」が「ハンカチ」の半数であること，「タオル」が全体の $\frac{1}{3}$ 強であることからも，②が正解であるとわかる。

　なお，「下じき」「じょうぎ」「その他」がいずれも度数が15であるにもかかわらず「下じき」「じょうぎ」が12%，「その他」が13%となっているのは，合計がちょうど100%になるように「その他」を調整したためである。このように「その他」の値を調整することはときどき行われるが，必ずしもしなくてはならないというものではない。

次のグラフと表は，約20万人を対象に2010年に一度でも参加したスポーツについて調査した結果の一部を示したものである。

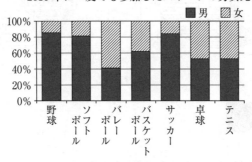

2010年に一度でも参加したスポーツの男女比

2010年に一度でも参加したスポーツ

	野球	ソフト ボール	バレー ボール	バスケット ボール	サッカー	卓球	テニス
総数(千人)	8122	3538	4558	3950	6375	5121	4751

資料：総務省「平成23年社会生活基本調査」

上のグラフと表から読み取れることとして，次の（ア）～（ウ）の意見が出た。

（ア）　参加者が最も多いのは野球である。

（イ）　男性の参加者が最も多いのはサッカーである。

（ウ）　女性の参加者の比率が最も高いのはバレーボールである。

3つの意見について，正しい意見を○，誤った意見を×として（ア）〜（ウ）の順で並べたとき，次の①〜⑤のうちから最も適切なものを一つ選べ。

① （ア）○　　（イ）○　　（ウ）○
② （ア）×　　（イ）×　　（ウ）×
③ （ア）○　　（イ）○　　（ウ）×
④ （ア）○　　（イ）×　　（ウ）○
⑤ （ア）×　　（イ）×　　（ウ）○

問3の解説　　　　　　　　　　正解　4

　横並びの帯グラフと1次元表を組み合わせて正しく傾向が読み取ることができるかどうかをみる問題である。解答に当たっては，参加者数が最多であるスポーツを1次元表から選択すること，サッカーとサッカー以外のスポーツについて帯グラフと1次元表を組み合わせて男性の参加者数を概算し比較すること，バレーボールとバレーボール以外のスポーツについて女性の参加者の比率を帯グラフから比較することが必要である。

（ア）正しい。表から参加者が最も多いのは 8,122 千人の野球であり正しい。

（イ）誤り。グラフから野球とサッカーの男女比は同じくらいだが，表から総数は野球のほうが多いので，男性の参加者が最も多いのは野球であり誤り。

（ウ）正しい。グラフから女性の参加者の比率が最も高いのは約 60％のバレーボールであり正しい。

　以上から，正しい意見は（ア）と（ウ）のみなので，正解は④である。

次の表とグラフは，平成24年の東京都における交通事故数とそのうちの自転車事故数を時間帯別に表したものである。

平成24年東京都の交通事故数と自転車事故数（件数）

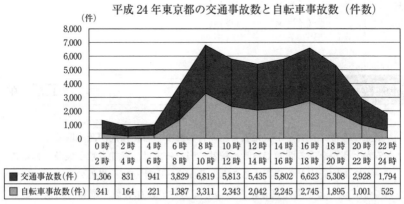

	0時〜2時	2時〜4時	4時〜6時	6時〜8時	8時〜10時	10時〜12時	12時〜14時	14時〜16時	16時〜18時	18時〜20時	20時〜22時	22時〜24時
■交通事故数(件)	1,306	831	941	3,829	6,819	5,813	5,435	5,802	6,623	5,308	2,928	1,794
■自転車事故数(件)	341	164	221	1,387	3,311	2,343	2,042	2,245	2,745	1,895	1,001	525

資料：「警視庁の統計（平成24年）」および
「自転車事故月別・時間帯別クロス（平成24年中）」

自転車事故数が最も多い時間帯における，交通事故数に対する自転車事故数の割合として，次の①〜⑤のうちから最も適切なものを一つ選べ。

①　8時〜10時

②　48.6%

③　41.4%

④　19.7%

⑤　16時〜18時

問 4 の解説　　　　　　　　　　　　　　　　　正解　2

　表とグラフから，自転車事故数が最も多い時間帯をとらえるとともに，交通事故数に対する自転車事故数の割合を求めることが必要である。

　自転車事故数が最も多い時間帯は，3,311 件の「8 時〜 10 時」である。その時間帯の交通事故数は 6,819 件である。

$$3311 \div 6819 \times 100 = 48.555 \cdots$$

　よって，割合は約 48.6％となり，正解は②である。

　かすみさんの学校で，先週1週間に保健室を利用した理由についてまとめたところ，切り傷5件，すり傷9件，ねんざ3件，発熱3件，頭痛11件，腹痛5件，その他3件であった。

　この結果の件数を表示するグラフとして，次の①〜④のうちから最も適切なものを一つ選べ。

① 棒グラフ
② 折れ線グラフ
③ ヒストグラム
④ 円グラフ

問5の解説　　　　　　　　　　　　　　　　　　　正解　1

　質的データの数量（件数）を表すグラフに関する問題である。
①：正しい。棒グラフは，データの数量の大小を比較することに適したグラフである。
②：誤り。折れ線グラフは，数量の時間的な変化を表すことに適しているグラフである。
③：誤り。ヒストグラムは，連続型の量的データの分布を表すことに適したグラフである。
④：誤り。円グラフは，全体に対する割合を表すことに適しているグラフである。
　よって，正解は①である。

［補足］

　割合を比べる場合には円グラフも効果的だが，この問題では「件数を表示する方法」と明記されているので，選択肢の中で最も適しているのは棒グラフである。件数という用語は，統計の分野では度数という表現も使われるので覚えておきたい。

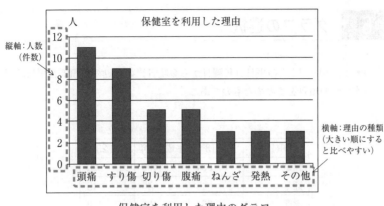

保健室を利用した理由のグラフ

また，折れ線グラフは時間的に変化するデータ，ヒストグラムは連続的に変化する量的データの度数を表現するグラフである。データに合わせて適切なグラフを選ぶことが重要である。

棒グラフ
値の大小を示すグラフ

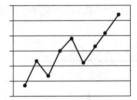

折れ線グラフ
時間で変化するデータに
適したグラフ

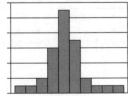

ヒストグラム
データの件数を示すグラフ

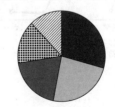

円グラフ
割合を示すグラフ

次の表は，10 〜 14 歳の平日（月曜日から金曜日）の行動の種類別総平均時間のうちいくつかの項目をまとめたものである。

（単位：分）

項目	平成 13 年	平成 18 年	平成 23 年
睡眠	504	499	500
通学	45	46	45
学業	371	402	429
趣味・娯楽	36	35	30
スポーツ	36	37	35

資料：総務省統計局「社会生活基本調査結果（平成 13 年，平成 18 年，平成 23 年）」

上の表をもとに，各行動の種類別総平均時間のいくつかの項目の推移をみるためグラフを作成した。次の①〜④のうちから最も適切なものを一つ選べ。

① (分)

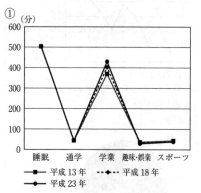

② (分)

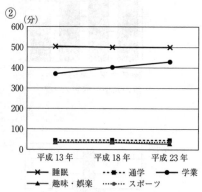

③

平成 13 年　　平成 18 年　　平成 23 年

□睡眠　☑通学　■学業
☒趣味・娯楽　■スポーツ

④

平成 13 年

平成 18 年

平成 23 年

0%　20%　40%　60%　80%　100%

□睡眠　☑通学　■学業
☒趣味・娯楽　■スポーツ

問6の解説　　　　　正解　2

　与えられた表を正しくグラフで表現できるかを問う問題である。

①：誤り。横軸に項目を取るなら，折れ線グラフではなく複数系列の棒グラフが適切である。

②：正しい。各項目の年ごとの平均時間の推移をみたいので，横軸に年，縦軸に平均時間を取っているこの折れ線グラフは適切である。

③：誤り。円グラフで表したら各項目が年ごとの割合で表され，平均時間そのものの推移をみることができなくなる。

④：誤り。帯グラフで表したら各項目が年ごとの割合で表され，平均時間そのものの推移をみることができなくなる。

　よって，正解は②である。

ある中学校の生徒200人に，好きなスポーツを1つ選んでもらい，その200人の結果を次の円グラフで表した。

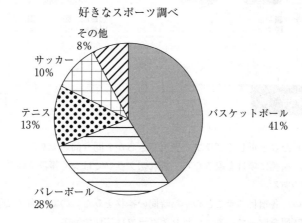

好きなスポーツ調べ

その他
8%

サッカー
10%

テニス
13%

バスケットボール
41%

バレーボール
28%

このグラフの説明として，次の①～⑤のうちから適切でないものを一つ選べ。

① バスケットボールを選んだ生徒の人数は，100人未満である。

② バレーボールを選んだ生徒の人数は，50人以上である。

③ バスケットボールを選んだ生徒とバレーボールを選んだ生徒の人数の合計は，全体の3分の2を超えている。

④ テニスを選んだ生徒とサッカーを選んだ生徒の人数の合計は，全体のおよそ4分の1である。

⑤ バスケットボールを選んだ生徒とサッカーを選んだ生徒の人数の合計は，全体の半数を下回る。

問7の解説　　　　　　　　　　　　正解　5

　円グラフについて正しく理解しているかを問う問題である。

①：正しい。バスケットボールを選んだ生徒の割合は 41% であり，200×0.41 $= 82$〔人〕となり，100 人未満であるので正しい。

②：正しい。バレーボールを選んだ生徒の割合は 28% であり，$200 \times 0.28 = 56$〔人〕となり，50 人以上であるので正しい。

③：正しい。バスケットボールを選んだ生徒とバレーボールを選んだ生徒の割合の合計は 69% であり，全体の 3 分の 2（約 66.7%）を超えているので正しい。

④：正しい。テニスを選んだ生徒とサッカーを選んだ生徒の割合の合計は 23% であり，全体のおよそ 4 分の 1（約 25%）であるので正しい。

⑤：誤り。バスケットボールを選んだ生徒とサッカーを選んだ生徒の割合の合計は 51% であり，全体の半数（50%）を上回るので誤り。

　よって，正解は⑤である。

グラフの読み取り

次のグラフは，ある地域に設置されたお茶（緑茶，ウーロン茶，ほうじ茶，麦茶，その他）の自動販売機の1か月間の販売本数を調べたものである。

棒グラフは販売本数を，折れ線グラフは販売本数の累積相対度数を，それぞれ販売本数の多い順に表したものである。

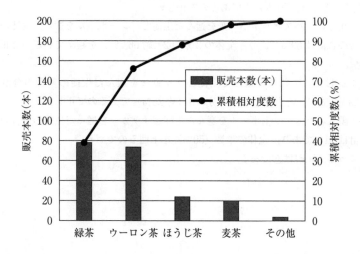

上のグラフから読み取れることとして，次の（ア），（イ），（ウ）の3つの説明がある。正しい説明には○を，誤った説明には×を付けるとき，その組合せとして，下の①〜⑤のうちから最も適切なものを一つ選べ。

（ア）　折れ線グラフから販売本数の増加率が読み取れる。
（イ）　この自動販売機で1か月間に売れたお茶は，販売本数の上位3種類で総販売本数の何％になるかが読み取れる。
（ウ）　緑茶の販売本数が総販売本数のうちの何％になるかが読み取れる。

① （ア）○　　　（イ）○　　　（ウ）○
② （ア）○　　　（イ）×　　　（ウ）○
③ （ア）○　　　（イ）○　　　（ウ）×
④ （ア）×　　　（イ）○　　　（ウ）○
⑤ （ア）×　　　（イ）×　　　（ウ）×

問8の解説　　　　　　　　　　　　　　　　　　　正解　4

　累積相対度数を表す折れ線グラフから正しく情報を読み取る問題である。
（ア）誤り。累積相対度数折れ線は，総販売本数に対する各お茶の販売本数の
　　割合を個々に加えていったものであり，販売本数の増加率は読み取れない。
（イ）正しい。累積相対度数折れ線の「ほうじ茶」の値を読めば，総販売本数
　　に対する上位3種類（「緑茶」，「ウーロン茶」，「ほうじ茶」）の販売本数の合
　　計の割合（％）が読み取れる。
（ウ）正しい。累積相対度数折れ線の「緑茶」の値を読めば，総販売本数に対
　　する「緑茶」の販売本数の割合（％）が読み取れる。
　　以上から，正しい説明は（イ）と（ウ）のみなので，正解は④である。

図書委員のみどりさんは，図書館にどんな本を新しく購入するかを検討するために，学年全員 104 人に最も好きな本の種類の調査をした。本の種類は，「推理」，「生活」，「冒険」，「恋愛」，「ノンフィクション」，「ファンタジー」，「ホラー」，「その他」の 8 つから 1 つを選んでもらった。みどりさんは，男子 56 人，女子 48 人が答えてくれた結果を集計し，次のグラフに示した。

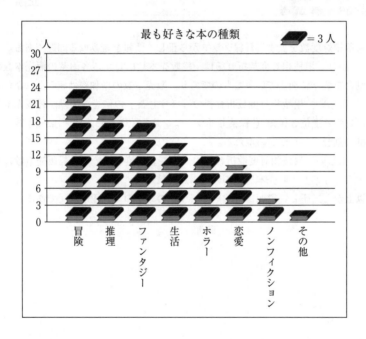

みどりさんは男子と女子で最も好きな本の種類の傾向が似ているかどうか調べるために，結果を男女別に集計し直し，グラフで比較することにした。次の①〜④のうちから最も適切なグラフを一つ選べ。

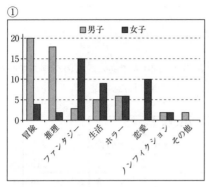

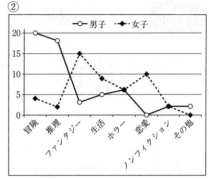

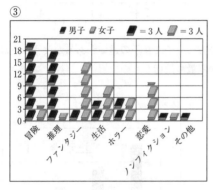

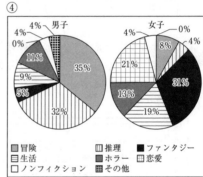

PART 1 統計検定3級・4級 受験ガイド

PART 2 「3級」分野・項目 別の問題・解説

PART 3 「3級」模擬テスト

PART 4 「4級」分野・項目 別の問題・解説

PART 5 「4級」模擬テスト

APPENDIX 付表

問9の解説

正解　4

　調査の結果を男女別に集計してグラフで表示し，男女の傾向を比較するためには，学年で男女の人数が異なるので割合（相対度数）で表示するほうが適切である。①は棒グラフ，②は折れ線グラフ，③は絵グラフで表示しているが，いずれも縦軸の目盛りを見ると，これらの目盛りは度数を示していることがわかる。もし，縦軸の目盛りが割合（相対度数）を示していれば男女の傾向を比較するのに適しているが，①〜③のグラフはそのようになっていない。一方，④は調査の結果を男女別に割合（相対度数）で表示した円グラフである。

　以上のことから，④の円グラフが最も適しているため，正解は④である。

かすみさんのクラスは，男子 15 人と女子 25 人の 40 人である。このクラスで一番好きな食べ物を調査したところ，次のような結果が得られた。

性別	一番好きな食べ物				合計（人）
	カレーライス	焼肉	スパゲッティ	その他	
男子	6	5	2	2	15
女子	10	7	5	3	25
合計（人）	16	12	7	5	40

この表をもとに一番好きな食べ物の選び方に男子と女子の違いがあるかどうかを調べたいとき，次の①〜④のグラフのうちから最も適切なものを選べ。

① 折れ線グラフ

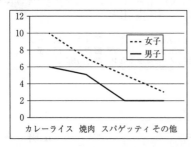

② 棒グラフ

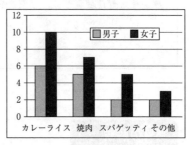

③ 積み上げ棒グラフ

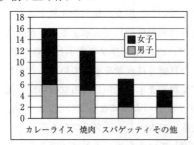

④ 円グラフ

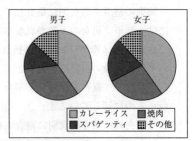

問 10 の解説　　　　　　　　　　　　　　　　　正解　4

　この問題で扱われている表は，横軸が「一番好きな食べ物」，縦軸が「性別」の 2 次元表である。この表では，男子の合計は 15 人，女子の合計は 25 人と異なるため，男女の傾向の違いを比べる際には，実際の数よりも割合で比較することが適切である。したがって，選択肢の中で，割合を使って表現しているグラフである④の「円グラフ」が最も適切といえる。

　よって，正解は④である。

［補足］

　なお，「棒グラフ」でも，その縦軸が割合で示されていれば「一番好きな食べ物」の男女比較が可能になる。

データの集計

度数分布表

次の度数分布表は，山形県の小学生（10 歳）の 50m 走の記録を集計したものである。

階級	男子	女子
7.5 秒以上　8.5 秒未満	123	35
8.5 秒以上　9.5 秒未満	512	390
9.5 秒以上 10.5 秒未満	377	472
10.5 秒以上 11.5 秒未満	101	129
11.5 秒以上 12.5 秒未満	26	12
12.5 秒以上 13.5 秒未満	14	5
13.5 秒以上 14.5 秒未満	5	3
合計	1158	1046

資料：山形県「平成 22 年度　体力・運動能力調査報告書」

　男子で最も頻度の高い階級として，次の①〜⑤のうちから最も適切なものを一つ選べ。

①　7.5 秒以上 8.5 秒未満

②　8.5 秒以上 9.5 秒未満

③　9.5 秒以上 10.5 秒未満

④　10.5 秒以上 11.5 秒未満

⑤　13.5 秒以上 14.5 秒未満

問1の解説 正解　2

　最も頻度の高い階級は，この集計においては男子の度数分布表の中で最も度数の多い階級となる。つまり，512とある「8.5秒以上9.5秒未満」が最も頻度の高い階級となる。

　よって，正解は②である。

問2 度数分布表

　ある高校で，60人の生徒について通学にかかる時間を調べたところ，次の度数分布表のようになった。

通学時間	人数
10分以上20分未満	3
20分以上30分未満	5
30分以上40分未満	10
40分以上50分未満	14
50分以上60分未満	15
60分以上70分未満	8
70分以上80分未満	3
80分以上90分未満	2
計	60

　この度数分布表から求められる通学にかかる時間の平均値について，次の①〜⑤のうちから最も適切なものを一つ選べ。

① 度数分布表からは，平均値に近い値を求めることはできない。

② 38分

③ 43分

④ 48分

⑤ 53分

PART
1
統計検定3級・4級
受験ガイド

PART
2
［3級］分野・項目
別の問題・解説

PART
3
［3級］模擬テスト

PART
4
［4級］分野・項目
別の問題・解説

PART
5
［4級］模擬テスト

APPENDIX
付表

問2の解説　　　　　　　　　　　　　　正解　4

　次の表のように，（階級値）×（人数）を計算し，それらの合計を計算すると
2,890分である。これを度数の合計（総度数）60で割る。すなわち，

$$\frac{2890}{60} = 48.166 \cdots 〔分〕$$

となる。
　よって，正解は④である。

階級 通学時間	階級値（分）	度数（人） 人数	階級値×人数
10分以上20分未満	15	3	45
20分以上30分未満	25	5	125
30分以上40分未満	35	10	350
40分以上50分未満	45	14	630
50分以上60分未満	55	15	825
60分以上70分未満	65	8	520
70分以上80分未満	75	3	225
80分以上90分未満	85	2	170
計		60	2,890

［別解］

　（階級の最小値）×（人数）を計算し，それらの合計を計算すると2,590分である。これを総度数60で割り，5を加えてもよい。

問3　度数分布表

次のデータは，ある中学の1年生の生徒40人分の斜め懸垂（けんすい）の結果である。

40人の生徒の斜め懸垂の記録（単位：回）

26	13	23	46	26	30	15	8	15	25
28	38	16	30	35	24	32	22	26	15
42	14	23	28	23	35	21	25	21	30
15	24	24	23	25	21	13	23	22	27

次の表はこのデータを整理した度数分布表である。表中の（A）および（B）に当てはまる数として適切なものを，次の①〜⑤のうちから一つ選べ。

階級	度数（人）
5回以上 9回以下	1
10回以上 14回以下	3
15回以上 19回以下	5
20回以上 24回以下	13
25回以上 29回以下	（A）
30回以上 34回以下	4
35回以上 39回以下	（B）
40回以上 44回以下	1
45回以上 49回以下	1
計	40

① （A）3　　（B）5
② （A）3　　（B）9
③ （A）5　　（B）7
④ （A）9　　（B）3
⑤ （A）9　　（B）11

問3の解説

度数分布表に関する問題である。

生徒 40 人のデータを小さい順に並べると次のとおりである。

8	13	13	14	15	15	15	15	16	21
21	21	22	22	23	23	23	23	23	24
24	24	25	25	25	26	26	26	27	28
28	30	30	30	32	35	35	38	42	46

度数分布表を完成させると次のとおりである。

階級	度数(人)
5 回以上 9 回以下	1
10 回以上 14 回以下	3
15 回以上 19 回以下	5
20 回以上 24 回以下	13
25 回以上 29 回以下	9
30 回以上 34 回以下	4
35 回以上 39 回以下	3
40 回以上 44 回以下	1
45 回以上 49 回以下	1
計	40

よって，正解は④である。

　かすみさんは「朝食をとると成績がよくなる」という話を聞いて興味を持った。そのことを確かめるために，朝食についての習慣と前回の数学の試験の点数を3つのクラスで実際に調査した。調査には全員が回答し，その結果を次のような度数分布表や統計数値で示した。

度数分布表

点数	毎日食べる	たいてい食べる	あまり食べない
35～39	0	0	1
40～44	0	0	0
45～49	2	2	1
50～54	3	5	4
55～59	3	6	6
60～64	3	5	4
65～69	9	3	2
70～74	6	5	3
75～79	15	3	1
80～84	5	1	1
85～89	1	1	0
90～95	1	0	0
計	48	31	23

試験の点数についての統計表

	人数	平均値	中央値	最小値	最大値
毎日食べる	48	70.6	71.5	48	90
たいてい食べる	31	63.5	61.0	47	89
あまり食べない	23	60.5	59.0	36	81

　この結果から，かすみさんは朝食をとる回数が多いほど成績がよいという傾向があると判断した。この判断を支持する材料として次の（ア），（イ），（ウ）を考えた。

（ア）「毎日食べる」の人数が最も多く，「たいてい食べる」，「あまり食べない」につれて人数が少なくなっている。
（イ）「毎日食べる」人の試験の点数の平均値が最も大きく，「たいてい食べる」，「あまり食べない」につれて平均値が小さくなっている。
（ウ）「毎日食べる」人の試験の点数の中央値が最も大きく，「たいてい食べる」，「あまり食べない」につれて中央値が小さくなっている。

　「朝食をとる回数が多いほど成績がよい」と判断する理由として，次の①〜⑤のうちから最も適切なものを一つ選べ。

①　（ア）と（イ）は適切だが，（ウ）は適切ではない。
②　（ア）と（ウ）は適切だが，（イ）は適切ではない。
③　（イ）と（ウ）は適切だが，（ア）は適切ではない。
④　（ア）は適切だが，（イ）と（ウ）は適切ではない。
⑤　（イ）は適切だが，（ア）と（ウ）は適切ではない。

問4の解説　　　　　正解　3

　データの分布と統計量に関する問題である。
（ア）適切ではない。「毎日食べる」，「たいてい食べる」，「あまり食べない」の人数を述べているだけで，数学の試験の点数との関係に触れていない。
（イ）適切である。度数分布表から読み取れる分布の様子から平均値を判断材料にしてもよい。
（ウ）適切である。度数分布表から読み取れる分布の様子から中央値を判断材料にしてもよい。
　以上から，適切であるものは（イ）と（ウ）のみなので，正解は③である。

　ある中学校の 3 年生男子 40 人，女子 40 人に筆箱に入っている鉛筆・シャープペンシル以外の色ペン（赤ペンや青ペンなど）が何本あるかを調べたところ，グラフ A のようなヒストグラムが得られた。しかし，多峰型の分布をしていたので，男子だけで集計し直したところ，グラフ B のようなヒストグラムが得られた。ただし，ヒストグラムの階級はそれぞれ，0 本以上 2 本未満，2 本以上 4 本未満，…，12 本以上 14 本未満のように区切られている。

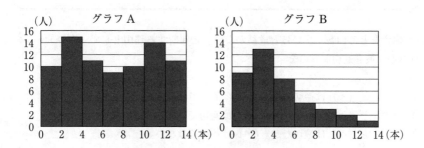

　グラフ A，グラフ B と同じ階級を用いて女子だけで集計し直し，その結果をヒストグラムで表したとき，女子の分布についての説明として，次の①〜⑤のうちから最も適切なものを一つ選べ。

①　多峰型の分布である。
②　ベル型の分布である。
③　一様な分布である。
④　右に裾が長い分布である。
⑤　左に裾が長い分布である。

問5の解説

　多峰的なヒストグラムについて，データを層別して情報を正しく読み取ることができるかを問う問題である。

　グラフＡとグラフＢから度数分布表を作ると次のようになる。

（単位：人）

階級	階級値	全体	男子	女子
0本以上　2本未満	1	10	9	1
2本以上　4本未満	3	15	13	2
4本以上　6本未満	5	11	8	3
6本以上　8本未満	7	9	4	5
8本以上 10本未満	9	10	3	7
10本以上 12本未満	11	14	2	12
12本以上 14本未満	13	11	1	10
合計		80	40	40

　さらに，女子だけで集計し直したときのヒストグラムは次のようになる。

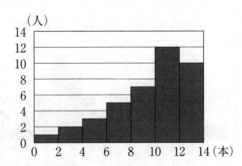

①：誤り。単峰型の分布である。

②：誤り。左右対称ではないのでベル型の分布ではない。

③：誤り。山型の分布であるから一様な分布ではない。

④：誤り。右ではなく左に裾が長い分布である。

⑤：正しい。上の図のように左に裾が長い分布である。

　よって，正解は⑤である。

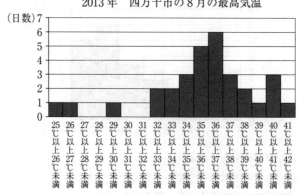

問6　ヒストグラム（柱状グラフ）

次は，まりさんとりかさんの会話である。

> まり　2013年の夏は暑かったわね。ニュースで見たのだけど，高知県四万十市では，8月の最高気温が41℃になったそうよ。
>
> りか　そうそう，私も知っているわ。日本の最高気温の記録が更新され日本一となったのでしょ。
>
> まり　ニュースを見ていたら興味がわいてきて調べたら，四万十市の2013年の8月の毎日の最高気温の平均値は35.7℃だったのよ。すごいわよね。
>
> りか　確かにすごいわ。でも，平均値だけだとよくわからないこともあるから，もう少し調べてみない？
>
> まり　いいわ。では，四万十市の2013年の8月の31日間の最高気温のデータを調べて，その結果をヒストグラムにしてみましょう。

2人は四万十市の2013年8月の31日分の最高気温を調べ，次のようなヒストグラムを作った。

2013年　四万十市の8月の最高気温

資料：気象庁ホームページ「気象統計情報」

　上のヒストグラムから，最高気温 35℃ 以上の日は何日あったか。次の①〜⑤の
うちから適切なものを一つ選べ。

①　18 日
②　19 日
③　20 日
④　21 日
⑤　22 日

問6の解説　　　　　　　　　　　　　　　　　　　　　　　　　　　正解　4

　35℃ 以上の日数について，ヒストグラムから各階級の度数を読むと次のよう
になる。

　　　35℃ 以上 36℃ 未満　　　5 日
　　　36℃ 以上 37℃ 未満　　　6 日
　　　37℃ 以上 38℃ 未満　　　3 日
　　　38℃ 以上 39℃ 未満　　　2 日
　　　39℃ 以上 40℃ 未満　　　1 日
　　　40℃ 以上 41℃ 未満　　　3 日
　　　41℃ 以上 42℃ 未満　　　1 日

これらの日数の和は，$5 + 6 + 3 + 2 + 1 + 3 + 1 = 21$〔日〕である。
よって，正解は④である。

PART
1
統計検定3級・4級
受験ガイド

PART
2
〔3級〕分野・項目
別の問題・解説

PART
3
〔3級〕模擬テスト

PART
4
〔4級〕分野・項目
別の問題・解説

PART
5
〔4級〕模擬テスト

APPENDIX
付表

次の 2 つのヒストグラムは，2016 年プロ野球個人打撃成績のうち，セントラル・リーグ（セ・リーグ）とパシフィック・リーグ（パ・リーグ）の規定打席数を満たした選手の打率を表したものである。ただし，ヒストグラムの階級はそれぞれ，0.20 以上 0.22 未満，0.22 以上 0.24 未満，…，0.34 以上 0.36 未満のように区切られている。

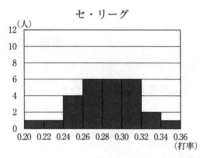
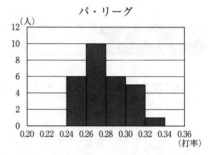

資料：日本野球機構「シーズン成績（個人打撃規定打席以上）」

上の 2 つのヒストグラムから読み取れることとして，次の（ア），（イ），（ウ）の意見があった。2 つのヒストグラムから読み取れる意見には○を，2 つのヒストグラムから読み取れない意見には×を付けるとき，その組合せとして，下の①〜⑤のうちから最も適切なものを一つ選べ。

（ア）　セ・リーグよりもパ・リーグのほうが範囲は大きい。
（イ）　セ・リーグよりもパ・リーグのほうが平均値は大きい。
（ウ）　セ・リーグよりもパ・リーグのほうが中央値は大きい。

---

① （ア）×　　（イ）○　　（ウ）×
② （ア）×　　（イ）×　　（ウ）○
③ （ア）×　　（イ）×　　（ウ）×
④ （ア）○　　（イ）×　　（ウ）○
⑤ （ア）○　　（イ）○　　（ウ）×

問7の解説

ヒストグラムの読み取りに関する問題である。

（ア）読み取れない。セ・リーグの範囲は，$0.34 - 0.22 = 0.12$ を下回らず，パ・リーグの範囲は，$0.34 - 0.24 = 0.10$ を上回らない。つまり，セ・リーグよりもパ・リーグのほうが範囲は小さい。

（イ）読み取れない。セ・リーグは各階級の左端の値を用いて平均値を計算すると，

$$(0.20 + 0.22 + 0.24 \times 4 + 0.26 \times 6 + 0.28 \times 6 + 0.30 \times 6$$
$$+ 0.32 \times 2 + 0.34) \div 27 = 0.2740 \cdots$$

また，右端の値を用いて平均値を計算すると，

$$(0.22 + 0.24 + 0.26 \times 4 + 0.28 \times 6 + 0.30 \times 6 + 0.32 \times 6$$
$$+ 0.34 \times 2 + 0.36) \div 27 = 0.2940 \cdots$$

つまり，セ・リーグの平均値はおよそ 0.274 から 0.294 の間の値を取る。一方，パ・リーグは各階級の左端の値を用いて平均値を計算すると，

$$(0.24 \times 6 + 0.26 \times 10 + 0.28 \times 6 + 0.30 \times 5 + 0.32) \div 28 = 0.2692 \cdots$$

また，右端の値を用いて平均値を計算すると，

$$(0.26 \times 6 + 0.28 \times 10 + 0.30 \times 6 + 0.32 \times 5 + 0.34) \div 28 = 0.2892 \cdots$$

つまり，パ・リーグの平均値はおよそ 0.269 から 0.289 の間の値を取る。よって，このヒストグラムからだけでは，セ・リーグよりもパ・リーグのほうが平均値は大きくなるか否かは判断できない。

（ウ）読み取れない。セ・リーグの規定打席数を満たした選手は 27 人いるから，中央値を含む階級は大きさの順に並べて 14 番目が含まれている 0.28 以上 0.30 未満である。パ・リーグの規定打席数を満たした選手は 28 人いるから，中央値を含む階級は大きさの順に並べて 14 番目と 15 番目が含まれている 0.26 以上 0.28 未満である。よって，セ・リーグよりもパ・リーグのほうが中央値は小さい。

以上から，すべての意見が読み取れないので，正解は③である。

次の累積度数分布図は，ある中学校の3年生40人を対象に月々のお小遣いの金額を調査した結果をまとめたものである。ただし，累積度数分布図の階級はそれぞれ，0円以上1,000円未満，1,000円以上2,000円未満，…，9,000円以上10,000円未満のように区切られている。

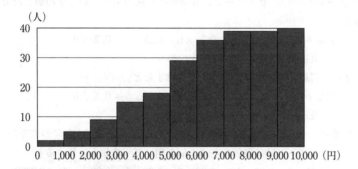

上の累積度数分布図をもとにして，ヒストグラムを作成した。次の①〜⑤のうちから最も適切なものを一つ選べ。

①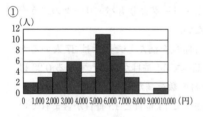

②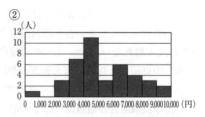

③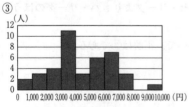

④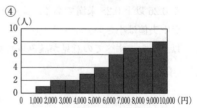

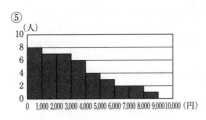

⑤

問8の解説　　　　　　　　　　　　　　　正解　1

　累積度数分布図の読み取りに関する問題である。累積度数分布図から選択肢の
ヒストグラムにおける決定的な誤りを見つけて正しいものを見つけ出すとよい。

①：正しい。累積度数分布図との矛盾はない。

②：誤り。1,000 円以上 2,000 円未満の度数は 0 ではない。

③：誤り。3,000 円以上 4,000 円未満の度数は 11 ではない。

④：誤り。0 円以上 1,000 円未満の度数は 0 ではない。

⑤：誤り。0 円以上 1,000 円未満の度数は 8 ではない。

　よって，正解は①である。

[補足]

累積度数分布図から累積度数分布と度数分布の表を作ると次のようになる。

階級（円）	累積度数（人）	度数（人）
0 円以上　1,000 円未満	2	2
1,000 円以上　2,000 円未満	5	3
2,000 円以上　3,000 円未満	9	4
3,000 円以上　4,000 円未満	15	6
4,000 円以上　5,000 円未満	18	3
5,000 円以上　6,000 円未満	29	11
6,000 円以上　7,000 円未満	36	7
7,000 円以上　8,000 円未満	39	3
8,000 円以上　9,000 円未満	39	0
9,000 円以上 10,000 円未満	40	1

あるクラスの100点満点の数学の試験の結果を幹葉図で表すと，次のようになった。

十の位	一の位
5	0　4　5　7
6	0　0　2　2　4
7	0　2　2　4　5　5　8
8	0　0　5
9	5

このクラスの数学の試験の平均値を，次の①〜⑤のうちから一つ選べ。

① 　67点
② 　69点
③ 　71点
④ 　73点
⑤ 　75点

246

問9の解説　　　　　　　　　　　　　　　　　　　　正解　2

　幹葉図の意味を理解し，代表値の計算を行う問題である。

平均値は，

$$\frac{1}{20} \times (50 + 54 + 55 + 57 + 60 + 60 + 62 + 62 + 64$$

$$+ 70 + 72 + 72 + 74 + 75 + 75 + 78 + 80 + 80 + 85 + 95)$$

$$= \frac{1380}{20} = 69 〔点〕$$

である。

　よって，正解は②である。

次のデータは，ある試験の結果である。

72，63，83，71，40，76，81，65，8，23，56，
32，62，53，72，31，11，12，27，90，24

このデータの分布を調べるために，幹葉図をかいたとき，分布に関する記述について最も適切なものを，次の①～⑤のうちから一つ選べ。

① 他の観測値と離れた観測値が1つある分布である。
② 値の大きいほうにゆがみ，値の大きいほうに長く裾を引く分布である。
③ 値の小さいほうにゆがみ，値の小さいほうに長く裾を引く分布である。
④ 2つの山があるような M 字型の分布である。
⑤ 山の右端が切断されたような分布である。

問 10 の解説

　得られたデータの分布の特徴を適切に把握できるかどうかを問う問題である。

　このデータに対して，実際に幹葉図をかくと次のようになる。

0	8
1	1　2
2	3　4　7
3	1　2
4	0
5	3　6
6	2　3　5
7	1　2　2　6
8	1　3
9	0

①：誤り。外れ値は存在しない。

②：誤り。値の大きいほうにゆがみはない。

③：誤り。値の小さいほうにゆがみはない。

④：正しい。この幹葉図を見ると，20 点台と 70 点台に峰がみられるため，2 つの山があるような M 字型の分布であることがわかる。

⑤：誤り。M 字型の分布なので右端が切断されていない。

　よって，正解は④である。

問1 中心の位置を示す指標（代表値）

最頻値に関する次の記述の空欄ア，イに当てはまる用語の組合せとして，下の①
〜⑤のうちから最も適切なものを一つ選べ。

「ヒストグラムで与えられた資料の最頻値は，　ア　の最も大きい階級の
　イ　を表す。」

① ア：度数　　　イ：最大値
② ア：度数　　　イ：階級値
③ ア：度数　　　イ：中央値
④ ア：範囲　　　イ：階級値
⑤ ア：範囲　　　イ：最大値

問1の解説　　　　　　　　　　　　　　　　　　　　　　　　　　正解　2

ヒストグラムで与えられた資料の最頻値の意味を理解しているかどうかを問
う問題である。
ア．「度数」が当てはまる。量的データの値を互いに重ならない区間に分けた
　とき，その区間を「階級」といい，それぞれの階級に含まれるデータの値の
　個数を「度数」という。
イ．「階級値」が当てはまる。階級の中央の値を「階級値」という。
　以上から，アには「度数」，イには「階級値」が当てはまるので，正解は②
である。

PART 1 統計検定3級・4級 受験ガイド

PART 2 ［3級］分野・項目 別の問題・解説

PART 3 ［3級］模擬テスト

PART 4 ［4級］分野・項目 別の問題・解説

PART 5 ［4級］模擬テスト

APPENDIX 付表

問2　中心の位置を示す指標（代表値）

中央値の性質について説明する記述として，次の①〜⑤のうちから最も適切なものを一つ選べ。

① 中央値は平均値に比例する。
② 中央値は平均値より 10％大きい傾向にある。
③ 中央値がわかれば，分布全体の範囲がわかる。
④ 中央値の大きさによって四分位範囲が決まる。
⑤ 中央値は外れ値の影響を受けにくい。

問2の解説　　　　　　　　　　　　正解　5

中央値を正確に理解しているかどうかをみる問題である。
①：誤り。平均値と比例関係はない。
②：誤り。平均値 ×1.1 を計算しても中央値は求められない。
③：誤り。中央値は真ん中の位置を意味し，分布の範囲とは関係ない。
④：誤り。四分位範囲は，第1四分位数と第3四分位数で決まる。
⑤：正しい。中央値の導出方法からわかるように，外れ値があってもその値による影響は受けないので正しい。
よって，正解は⑤である。

問3　中心の位置を示す指標（代表値）

次のデータは，ある中学校1年生15人の右手の握力（kg）の記録である。

41　22　20　34　21　18　24　48　29　31　34　20　36　16　26

次の文章における（A），（B），（C）に当てはまる語句の組合せとして，下の①〜⑤のうちから適切なものを一つ選べ。

「上のデータの（A）は26kg，（B）は28kg，（C）は32kgである。」

① （A）最頻値　　（B）平均値　　（C）範囲
② （A）平均値　　（B）範囲　　　（C）中央値
③ （A）最頻値　　（B）中央値　　（C）平均値
④ （A）中央値　　（B）平均値　　（C）範囲
⑤ （A）中央値　　（B）最頻値　　（C）範囲

問3の解説　　　　　　　　　　正解　4

与えられたデータを小さいほうから順に並べると次のようになる（単位はkg）。

16　18　20　20　21　22　24　26　29　31　34　34　36　41　48

範囲はデータの値の最大値と最小値の差，平均値はデータの値の合計をデータの値の総数で割った値，中央値はデータを大きさの順に並べたとき真ん中に位置する値，最頻値は最も多くある値である。選択肢に現れている値は，範囲，平均値，中央値，最頻値であるから，まずはこれらの値を求める。

（範囲）＝（データの値の最大値）－（データの値の最小値）

$$= 48 - 16 = 32 〔kg〕$$

（平均値）＝（データの合計）÷（データの値の総数）

$$= (16 + 18 + \cdots + 48) \div 15$$

$$= 420 \div 15 = 28 〔kg〕$$

データの総数が15であることから，大きさの順に並べ，8番目の値26kgが中央値である。

与えられたデータにおいて，20kgと34kgがともに2個あるから，最頻値は20kgと34kgである。

以上から，(A)は中央値，(B)は平均値，(C)は範囲である。

よって，正解は④である。

問4　中心の位置を示す指標（代表値）

50 人に対して実施した数学のテスト（100 点満点）の点数の代表値に関する次の（ア），（イ），（ウ）の 3 つの意見について，正しい意見には○を，誤った意見には×を付けるとき，その組合せとして，下の①〜⑤のうちから最も適切なものを一つ選べ。

（ア）　平均値のほうが中央値より外れ値の影響を受けやすい。

（イ）　平均値より高い点数を取った人は，必ず集団の真ん中より高い順位にいる。

（ウ）　範囲が小さいテストのほうが，最頻値は大きくなる。

---

① 　（ア）○　　　（イ）○　　　（ウ）○

② 　（ア）○　　　（イ）○　　　（ウ）×

③ 　（ア）○　　　（イ）×　　　（ウ）×

④ 　（ア）×　　　（イ）○　　　（ウ）×

⑤ 　（ア）×　　　（イ）×　　　（ウ）○

問4の解説

　代表値の性質についての理解を問う問題である。

（ア）正しい。データの中に外れ値がある場合，平均値は中央値より影響を受けやすい。たとえば5人で考えた場合，5人全員の点数が50点の場合，平均値は50点，中央値は50点である。しかし，もし0点を取った生徒が1人いた場合，平均値は40点と下がってしまうが，中央値は50点であり，その生徒が何点を取っても50点である。このことからも，平均値は中央値より影響を受けやすいことがわかる。

（イ）誤り。たとえば10人で考えた場合，その点数が，20点が3人，50点が2人，60点が5人いたとすると，平均値は46点である。50点を取った生徒は平均値より高い点数を取ったが，その順位は上から6位であり真ん中より高い順位ではない。このように，左に裾の長い分布の場合，平均値が中央値より小さくなる傾向がある。

（ウ）誤り。範囲の大小は最大値と最小値にのみ依存し，最頻値の大小に影響するものではない。

　よって，正しいものは（ア）のみなので，正解は③である。

PART 1 統計検定3級・4級 受験ガイド

PART 2 ［3級］分野・項目別の問題・解説

PART 3 ［3級］模擬テスト

PART 4 ［4級］分野・項目別の問題・解説

PART 5 ［4級］模擬テスト

APPENDIX 付表

中心の位置を示す指標（代表値）

ある中学校の3年生男子100名のハンドボール投げの記録の分布と代表値を，それぞれ次のヒストグラムと表にまとめた。

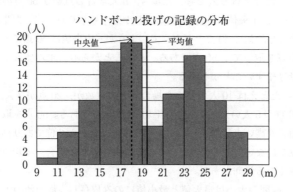

ハンドボール投げの記録の分布

基本統計量

最小値	10.0 (m)
最大値	27.5 (m)
平均値	19.4 (m)
中央値	18.0 (m)

このとき，次の（ア）〜（ウ）の考えについて，正しい考えには○を，誤った考えには×を付けるとき，その正誤の組合せとして，下の①〜⑤のうちから最も適切なものを一つ選べ。

> （ア）　17.5 m の範囲で記録が散らばっている。
>
> （イ）　ふた山の分布であり，異なる2つの集団に分けられる可能性が高い。
>
> （ウ）　17.5 m 投げた人は，全体の半分よりも記録がよいほうである。

① （ア）○　　　（イ）○　　　（ウ）×

② （ア）○　　　（イ）×　　　（ウ）○

③ （ア）×　　　（イ）○　　　（ウ）○

④ （ア）○　　　（イ）○　　　（ウ）○

⑤ （ア）×　　　（イ）×　　　（ウ）×

問5の解説　　　　　　　　　　　　　　　　正解　1

　代表値や分布の形からデータの傾向を読み取ることができるかどうかをみる問題である。

（ア）正しい。範囲は，最大値から最小値を引いて求めることができ，この分布の場合，以下の計算で求められる。

　　　（範囲）＝（最大値）－（最小値）＝ 27.5 － 10.0 ＝ 17.5〔m〕

　　　したがって，17.5 m の範囲で散らばっている。

（イ）正しい。分布の形が複数の山からなっている場合，「多峰性がみられる」という。多峰性がみられる場合は，異質な複数の集団が混在していることが多い。この分布の場合，19 m 以上 21 m 未満の階級を境に2つの山からなっており，双峰性がみられる（ふた山の分布）。したがって，異なる2つの集団に分けられる可能性が高い。

（ウ）誤り。17.5 m 投げた人の記録が全体の半分よりもよいかどうかは，データの中央値から読み取ることができる。中央値とは，データの真ん中の値である。この分布の場合，中央値は 18.0 m なので，17.5 m 投げた人は，全体の半分よりも記録がよくないほうである。

　以上から，正しい考えは（ア）と（イ）のみなので，正解は①である。

　次のヒストグラムは，あるボウリングの選手が20ゲーム投げたときのスコアの分布を表している。平均値と中央値と最頻値を小さい順に並べたとき，下の①〜⑤のうちから最も適切なものを一つ選べ。

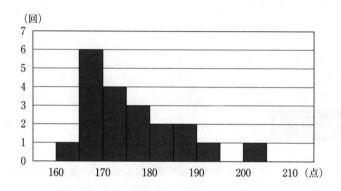

①　（平均値）<（最頻値）<（中央値）
②　（最頻値）<（中央値）<（平均値）
③　（平均値）<（中央値）<（最頻値）
④　（中央値）<（最頻値）<（平均値）
⑤　（中央値）<（平均値）<（最頻値）

問6の解説　　　　　　　　　　　　　　　　正解　2

　分布の形によって，3つの代表値（平均値，中央値，最頻値）の大小関係が変わることを理解しているかどうかをみる問題である。

　左右対称で一山とみなせる分布の3つの代表値はおおよそ同じである。右または左に裾の長い一山の分布では，一番高いところに最頻値があり，長いほうの裾に向かって，中央値，平均値が並ぶ。

　与えられたヒストグラムでは，右に裾が長い一山の分布であり，最頻値 < 中央値 < 平均値となる。ヒストグラムから，最頻値 167.5，中央値 172.5，平均値 176.25 が概算でき，これらからも，（最頻値）<（中央値）<（平均値）が確かめられる。

　よって，正解は②である。

［補足］

　「右に裾が長い一山の分布」の他の表現として，「右にゆがんだ分布」「右に長く裾を引いた分布」などが使われる。

分布の散らばりの尺度

　あるクラスの生徒が1か月に読む本の冊数を調べ，その特徴を数値で表すことにした。1か月に読む本の冊数の最大の値と最小の値との差のことを 何というか。

　次の①〜⑤のうちから適切なものを一つ選べ。

① 中央値
② 平均値
③ 最頻値
④ 階級の幅
⑤ 範囲

問7の解説　　　　　　　　　　　　　　　　　正解　5

　調査したデータを度数分布表にまとめるときに用いる統計用語について，理解しているかどうかを問う問題である。

①：誤り。中央値は，データを大きさの順に並べたとき真ん中に位置する値である。

②：誤り。平均値は，データの値の合計をデータの値の総数で割った値である。

③：誤り。最頻値は，最も多くある値である。

④：誤り。階級の幅は，階級を決める際に考えられた数値の幅である。

⑤：正しい。範囲は，データの値の最大値と最小値の差である。

　よって，正解は⑤である。

［補足］

　与えられた度数分布表から最頻値を求める場合は，度数が最も大きい階級の階級値を最頻値とすることがある。

分布の散らばりの尺度

2014 年のプロ野球の公式記録から，セ・リーグとパ・リーグにおけるそれぞれの選手のホームラン数（本）を調べ，次のヒストグラムで表した。ただし，ホームラン数は規定打席数を満たした選手の記録であり，セ・リーグは 27 人，パ・リーグは 31 人であった。ヒストグラムからわかることとして最も適切なものを，下の①～⑤のうちから一つ選べ。

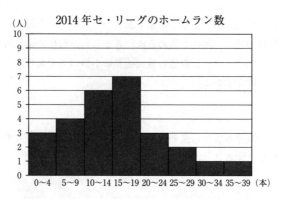

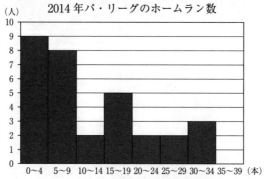

資料：一般社団法人日本野球機構「2014 年度 公式戦成績」

① セ・リーグよりパ・リーグのほうが分布の範囲が大きい。
② セ・リーグよりパ・リーグのほうが平均値が大きい。
③ セ・リーグよりパ・リーグのほうが中央値が大きい。
④ パ・リーグでは平均値が中央値より大きい。
⑤ パ・リーグでは最頻値が中央値より大きい。

問8の解説　　　　　　　　　　　　　　　　　　　　　正解　4

①：誤り。パ・リーグのほうが分布の範囲（＝最大値−最小値）が大きいとは断定できない。

②：誤り。階級値を用いて各リーグの平均値を計算すると次のようになる。

セ・リーグ：

$$\frac{2\times3+7\times4+12\times6+17\times7+22\times3+27\times2+32\times1+37\times1}{27}$$

$$\fallingdotseq 15.3$$

パ・リーグ：

$$\frac{2\times9+7\times8+12\times2+17\times5+22\times2+27\times2+32\times3}{31} \fallingdotseq 12.2$$

このことから，セ・リーグの平均値のほうが大きいので誤り。

　　ここでは，平均値の計算において階級値を用いたが，すべての選手の記録が階級値の最低値であるときや最高値であるときを考えると，セ・リーグの平均値は 13.3 と 17.3 の間の値を取り，パ・リーグの平均値は 10.2 と 14.2 の間の値を取る。これからもパ・リーグの平均値のほうが大きいとはいえない。

③：誤り。セ・リーグ 27 人の中央値は，大きさの順に並べ替えた後の 14 番目の値である。グラフから，その値は 15 本以上 19 本以下の階級に含まれる。一方，パ・リーグでは，31 人の中央値は大きさの順に並べ替えた 16 番目の値であり，グラフから 5 本以上 9 本以下の階級に含まれる。したがって，パ・リーグのほうが中央値は小さい。

④：正しい。パ・リーグの分布の形状は，小さい値に分布の集中があり，右に長く裾を引いている。この場合は，右に裾を引く値が平均値を押し上げ，中央値より大きくなる。実際，パ・リーグでは平均値は約 12.2 本であり，中央値は 7 本であるから正しい。

⑤：誤り。パ・リーグの最頻値は 2 本，中央値は 7 本であるから，最頻値は中央値よりも小さい。

　　よって，正解は④である。

問9 分布の散らばりの尺度

　あるクラスで英語のテストを実施し，平均値，中央値，範囲，四分位範囲を計算した。このデータには，外れ値が含まれていることがわかっている。

　平均値，中央値，範囲，四分位範囲のうち，このテストの結果の代表値と分布の散らばりの尺度の組合せとして，次の①〜⑤のうちから最も適切なものを一つ選べ。

① 代表値：平均値　　　　　散らばりの尺度：中央値
② 代表値：範囲　　　　　　散らばりの尺度：四分位範囲
③ 代表値：範囲　　　　　　散らばりの尺度：平均値
④ 代表値：四分位範囲　　　散らばりの尺度：中央値
⑤ 代表値：中央値　　　　　散らばりの尺度：四分位範囲

| 問**9**の解説 | 正解　**5** |

代表値および散らばりの尺度の組合せを選ぶ問題である。

　適切な組合せとして,「代表値：平均値, 散らばりの尺度：範囲」「代表値：中央値, 散らばりの尺度：四分位範囲」などが考えられるが, このデータには外れ値が含まれることから,「代表値：中央値, 散らばりの尺度：四分位範囲」の組合せを選ぶのがよい。

①：誤り。中央値は散らばりの尺度ではない。

②：誤り。範囲は代表値ではない。

③：誤り。範囲は代表値ではない。また, 平均値は散らばりの尺度ではない。

④：誤り。四分位範囲は代表値ではない。また, 中央値は散らばりの尺度ではない。

⑤：正しい。データに外れ値が含まれる場合, 平均値や範囲はその影響を受けるので, 代表値は中央値, 散らばりの尺度は四分位範囲を選ぶのが適切である。

　よって, 正解は⑤である。

次のデータは，あるクラスで行われた 30 人の国語の試験結果（単位：点）であり，下の表はこのデータの 5 数要約である。

9, 13, 14, 14, 18, 20, 20, 20, 22, 22,
24, 26, 30, 30, 30, 30, 36, 38, 40, 42,
46, 46, 46, 50, 50, 58, 65, 68, 88, 98

最小値	9
第 1 四分位数	20
中央値	30
第 3 四分位数	46
最大値	98

このデータにおいて，範囲（A）と四分位範囲（B）はいくらか。範囲（A）と四分位範囲（B）の正しい組合せとして，次の①〜⑤のうちから適切なものを一つ選べ。

① （A）13　　（B）26
② （A）26　　（B）89
③ （A）44.5　（B）13
④ （A）89　　（B）26
⑤ （A）89　　（B）13

問 10 の解説　　　　　　　　　　　正解　④

　5数要約から範囲および四分位範囲を適切に計算できるか否かを問う問題である。

　範囲（A）は，

　　（範囲）＝（最大値）－（最小値）＝ 98 － 9 ＝ 89〔点〕

である。

　四分位範囲（B）は，

　　（四分位範囲）＝（第3四分位数）－（第1四分位数）＝ 46 － 20 ＝ 26〔点〕

である。

　よって，正解は④である。

　次のグラフは，非営利教育団体により A 国と B 国である年に実施された英語の
テストの結果をもとに作成した箱ひげ図である。

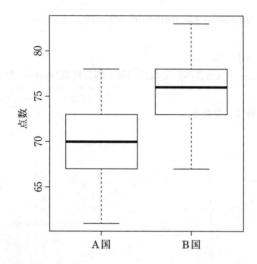

　上の箱ひげ図から読み取れることとして，次の（ア），（イ），（ウ）の意見があっ
た。箱ひげ図から読み取れる意見には○を，箱ひげ図から読み取れない意見には×
を付けるとき，その組合せとして，次の①～⑤のうちから最も適切なものを一つ選
べ。

PART
1
統計検定3級・4級
受験ガイド

PART
2
3級 分野・項目
別の問題・解説

PART
3
3級 模擬テスト

PART
4
4級 分野・項目
別の問題・解説

PART
5
4級 模擬テスト

APPENDIX
付表

（ア）　A 国と B 国の分布はいずれも単峰（山が 1 つ）である。

（イ）　A 国よりも B 国のほうが数学の能力も高い。

（ウ）　A 国の第 1 四分位数と B 国の第 3 四分位数はほぼ同じである。

① （ア）○　　　（イ）×　　　（ウ）×

② （ア）×　　　（イ）○　　　（ウ）×

③ （ア）×　　　（イ）×　　　（ウ）○

④ （ア）○　　　（イ）○　　　（ウ）○

⑤ （ア）×　　　（イ）×　　　（ウ）×

問 11 の解説　　　　　　　　　　　　　　　　正解　5

　与えられた箱ひげ図から分布の特徴や代表値を読み取る問題である。

（ア）誤り。箱ひげ図だけでは単峰かどうか判断できないので誤り。

（イ）誤り。与えられているのは「英語」のテストの結果であり，それだけでは
「数学の能力」は判断できないので誤り。

（ウ）誤り。A 国の第 1 四分位数は約 67 点，B 国の第 3 四分位数は約 78 点で
あり等しくないので誤り。

　以上から，（ア）と（イ）と（ウ）はすべて誤りなので，正解は⑤である。

次の表は，あるクラスの 32 人の身長を度数分布表に集計したものである。

身長	度数（人）
153cm 以上 156cm 未満	7
156cm 以上 159cm 未満	8
159cm 以上 162cm 未満	5
162cm 以上 165cm 未満	8
165cm 以上 168cm 未満	3
168cm 以上 171cm 未満	1

次の A ～ C の箱ひげ図のうち上の度数分布表と矛盾しないものはどれか。下の①～⑤のうちから最も適切なものを一つ選べ。

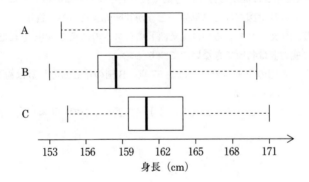

① Aのみ矛盾しない。

② Bのみ矛盾しない。

③ Cのみ矛盾しない。

④ AとBのみ矛盾しない。

⑤ AとBとCのすべて矛盾しない。

問 12 の解説　　　　　　　　　　　　正解　1

与えられた度数分布表から適切な箱ひげ図を選ぶ問題である。

下の表より，最小値は 153cm 以上 156cm 未満，第 1 四分位数は 156cm 以上 159cm 未満，中央値は 159cm 以上 162cm 未満，第 3 四分位数は 162cm 以上 165cm 未満，最大値は 168cm 以上 171cm 未満であるので，A 〜 C の箱ひげ図がこれらの結果と矛盾しないかを検討する。

A．すべてにおいて矛盾しない。

B．中央値が 159cm 未満であるから矛盾する。

C．第 1 四分位数が 159cm 以上であるから矛盾する。

以上から，A のみ矛盾しないので，正解は①である。

（単位：人）

身長	度数	累積度数
153cm 以上 156cm 未満	7	7
156cm 以上 159cm 未満	8	15
159cm 以上 162cm 未満	5	20
162cm 以上 165cm 未満	8	28
165cm 以上 168cm 未満	3	31
168cm 以上 171cm 未満	1	32

PART
3
「3 級」模擬テスト

PART
4
「4 級」分野・項目
別の問題・解説

PART
5
「4 級」模擬テスト

APPENDIX
付表

　中学3年のあるクラスの男子生徒のハンドボール投げの結果（単位は m）を調べたところ，最小値は 10，最大値は 34，中央値は 22.5，第1四分位数は 19.5，第3四分位数は 24.5，平均値は 21.5，標準偏差は 4.02 であった。このデータの箱ひげ図として，次の①～⑤のうちから最も適切なものを一つ選べ。

①
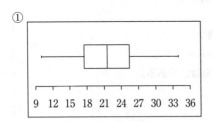

②
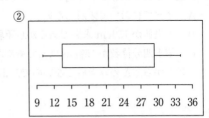

③
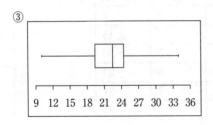

④
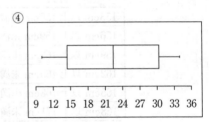

⑤
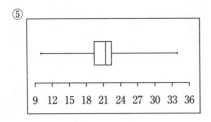

問13の解説　　　　　　　　　　　　　　　　　　　正解　3

箱ひげ図の意味を理解しているかどうかを問う問題である。

問題文にはハンドボール投げの結果の分布にかかわる指標が提示されているので，それらを利用して適切な箱ひげ図を選択すればよい。ただし，箱ひげ図をかく際には用いられない平均値や標準偏差も指標として与えられているので，注意しなければならない。

5つの箱ひげ図で最大値や最小値は共通しているので，違いがあるのは，箱の中にある中央値と箱の両端の値である。

まず，箱の両端の値に着目すると，第1四分位数が19.5であることから①，②，④の箱ひげ図が除外される。

また，第3四分位数が24.5であることから⑤が除外されるので，③が残る。

③については，箱の中にある線も中央値22.5と一致しているので，適切なものである。

よって，正解は③である。

ある会社では，健康診断の結果を利用して健康状況を測る指標の BMI を計算し，社員の健康管理を行っている。BMI は（体重 kg）/（身長 m）^{2} で計算される。たとえば，身長 172 cm，体重 75 kg の人ならば，BMI は，$75/1.72^2 = 25.35$ となり，約 25.4 となる。

企画部の 17 人，営業部の 29 人，人事部の 11 人の男性社員の BMI を計算して，小数第 2 位を四捨五入した値を使い，部署ごとに 5 数要約を求めたところ，次のようになった。

5 数要約	企画部	営業部	人事部
最小値	19.3	17.0	17.0
第 1 四分位数	22.1	21.0	22.4
中央値	24.3	22.2	24.3
第 3 四分位数	26.4	26.0	25.7
最大値	31.0	27.1	30.9

3 つの部署の箱ひげ図として正しいものを，次の①〜④のうちから一つ選べ。

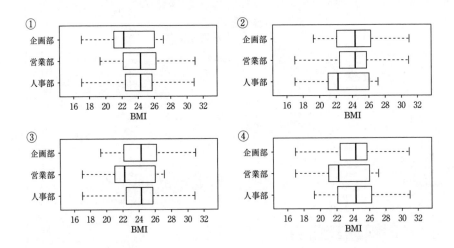

問14の解説

　この問題は与えられた最大値，最小値と四分位数の情報を用いて，適切な箱ひげ図を選択したり，与えられた記述の適否を判断できるかを問う問題である。

①：誤り。企画部と営業部が逆である。

②：誤り。営業部と人事部が逆である。

③：正しい。与えられた各部署の5数要約と一致している。

④：誤り。企画部と人事部が逆である。

　よって，正解は③である。

クロス集計表

クロス集計表の読み取り

　A市の中学生の男子100人と女子200人を無作為に選び，テレビ番組の4つのジャンル中から一番好きなものを調査した。ただし，A市の中学生の男女比は，ほぼ同じであることがわかっている。その結果が次の表にまとめられている。

性別	一番好きなジャンル				合計（人）
	スポーツ	歌番組	ドラマ	バラエティ	
男子	40	15	20	25	100
女子	20	60	70	50	200
合計（人）	60	75	90	75	300

　この調査結果について，次のコメント（ア）と（イ）の正誤を○×で示した組合せとして適切なものを，下の①～④のうちから一つ選べ。

（ア）　女子で一番好きなテレビ番組のジャンルはドラマである。
（イ）　男子でスポーツを選んだ人の割合は，女子でドラマを選んだ割合より小さい。

① （ア）○　　（イ）○
② （ア）○　　（イ）×
③ （ア）×　　（イ）○
④ （ア）×　　（イ）×

問1の解説　　　　　　正解　2

　クロス集計表の読み取り問題である。

（ア）正しい。女子の一番好きなテレビ番組のジャンルは，表を横に見て女子の欄の一番多いドラマ（70 人）である。

（イ）誤り。男子（100 人）でスポーツを選んだ人（40 人）の割合は，

$$\frac{40}{100} \times 100 = 40 \ [\%]$$

　女子（200 人）でドラマを選んだ人（70 人）の割合は，

$$\frac{70}{200} \times 100 = 35 \ [\%]$$

である。

以上から，正しいコメントは（ア）のみなので，正解は②である。

クロス集計表の読み取り

次の表は，中学生 54 人にサッカーは好きかどうか，野球は好きかどうかをアンケート調査した結果である。

| | | サッカーは好き？ | | |
		はい	いいえ	計
野球は好き？	はい	27 人	6 人	33 人
	いいえ	4 人	17 人	21 人
計		31 人	23 人	54 人

この表から，次の（ア）〜（エ）のコメントが出てきた。

（ア） サッカーが好きな人は，野球も好きな傾向にある。
（イ） サッカーが好きな人は，野球は好きではない傾向にある。
（ウ） サッカーが好きではない人は，野球が好きな傾向にある。
（エ） サッカーが好きではない人は，野球も好きではない傾向にある。

正しいコメントの組合せを，次の①〜⑤のうちから一つ選べ。

① （ア）と（イ）
② （イ）と（ウ）
③ （ウ）と（エ）
④ （ア）と（エ）
⑤ （イ）と（エ）

問2の解説

　クロス集計表に関する問題である。

（ア）正しい。サッカーが好きな人（31 人）の中で，野球も好きな人（27 人）
　の割合は

$$\frac{27}{31} \times 100 \fallingdotseq 87 \ [\%]$$

　野球が好きではない人（4 人）の割合は

$$\frac{4}{31} \times 100 \fallingdotseq 13 \ [\%]$$

　なので，正しいコメントである。

（イ）誤り。（ア）が正しいので，逆のコメントの（イ）は誤り。

（ウ）誤り。サッカーが好きではない人（23 人）の中で，野球が好きな人（6 人）
　の割合は，

$$\frac{6}{23} \times 100 \fallingdotseq 26 \ [\%]$$

　野球も好きではない人（17 人）の割合は，

$$\frac{17}{23} \times 100 \fallingdotseq 74 \ [\%]$$

なので，誤ったコメントである。

（エ）正しい。（ウ）は誤りであり，逆のコメントである（エ）は正しい。

　以上から，正しいコメントは（ア）と（エ）のみなので，正解は④であ
る。

さとし君は同じ町に住む中学生のうちから，女子150人，男子100人をそれぞれ無作為に選び，利き手を調査した。ただし，さとし君の住む町の中学生の男子と女子の人数はほぼ同じであることがわかっている。その結果が次の表にまとめられている。

（単位：人）

	女子	男子	合計
左利き	（ア）	10	20
右利き	140	90	（イ）
合計	150	100	250

〔1〕表の（ア）に入れる値として，次の①～⑤のうちから適切なものを一つ選べ。

① 10
② 20
③ 100
④ 140
⑤ 230

〔2〕表の（イ）に入れる値として，次の①～⑤のうちから適切なものを一つ選べ。

① 10
② 20
③ 100
④ 140
⑤ 230

〔3〕この調査をもとに，さとし君の住む町の中学生のうち左利きの人の割合を求める式として，次の①〜⑤のうちから最も適切なものを一つ選べ。

① $\left(\dfrac{(\text{ア})}{150}\right) \times \left(\dfrac{10}{100}\right)$

② $\left(\dfrac{(\text{ア})}{150}\right) + \left(\dfrac{10}{100}\right)$

③ $\left(\dfrac{(\text{ア})+10}{150+100}\right)$

④ $\left(\dfrac{(\text{ア})}{150}\right) + \left(\dfrac{10\times 1.5}{100\times 1.5}\right)$

⑤ $\left(\dfrac{(\text{ア})+10\times 1.5}{150+100\times 1.5}\right)$

問3の解説　　　正解　〔1〕1，〔2〕5，〔3〕5

クロス集計表を完成させる問題である。

〔1〕

(単位：人)

	女子	男子	合計
左利き	（ア）	10	20
右利き	140	90	（イ）
合計	150	100	250

　左利きの中学生20人のうち，左利きの男子が10人である。または，女子150人のうち140人が右利きであることより

　　（ア）+ 10 = 20
　　（ア）+ 140 = 150
　　（ア）= 10

　よって，正解は①である。

〔2〕

（単位：人）

	女子	男子	合計（人）
左利き	（ア）	10	20
右利き	140	90	（イ）
合計	150	100	250

　右利きの女子が140人，男子が90人である。または，調査した人は全部で250人でそのうちの20人が左利きなので

$$140 + 90 = （イ）$$
$$20 + （イ） = 250$$
$$（イ） = 230$$

　よって，正解は⑤である。

〔3〕クロス集計表の読み取りと割合の計算に関する問題である。

	女子	男子	合計（人）
左利き	（ア） +	10 ×1.5	20
右利き	140	90	（イ）
合計	150 +	100 ×1.5	250

　さとし君の住む町の中学生の男子と，女子の人数の割合はほぼ等しいことがわかっているため，女子150人，男子100人というように，選び出した人数が異なると比較ができない。

　そこで，男女同じく150人と考え，合計300人中に左利きは何人いるかを考える。すなわち，男子の人数を1.5倍して，以下の式により求めればよい。

$$\frac{（ア） + 10 \times 1.5}{150 + 100 \times 1.5} = \frac{10 + 15}{300}$$

$$= \frac{25}{300}$$

$$= 0.08\dot{3}$$

①：誤り。与えられた式は，（女子の左利きの割合）×（男子の左利きの割合）である。

②：誤り。与えられた式は，（女子の左利きの割合）＋（男子の左利きの割合）である。

③：誤り。与えられた式は，選ばれた人の中での左利きの割合である。この町の中学生の男女比はほぼ等しいので，この式は誤りである。

④：誤り：与えられた式は，第2項の分数は約分できるため，②と同じ（女子の左利きの割合）＋（男子の左利きの割合）である。

⑤：正しい。まず，男女同じく150人と考え，男子を1.5倍してこの町の中学生の男女比を合わせる。そのうえで，$\dfrac{左利き}{全体}$ を求める必要があるのでこの式は正しい。

よって，正解は⑤である。

CATEGORY

8

時間的・空間的データ

問1   時系列データの読み取り

次の折れ線グラフは，ある自動車販売会社の昨年度上半期における，自動車 A の
毎月の販売台数を基準として，自動車 B の販売台数比をパーセント表示したもの
である。

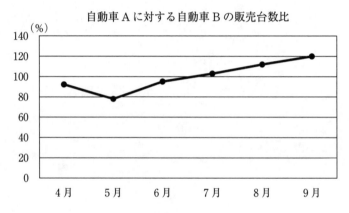

自動車 A に対する自動車 B の販売台数比

昨年度上半期に関し，上のグラフから読み取れることとして，次の①〜⑤のうち
から最も適切なものを一つ選べ。

①   自動車 A の販売台数が一番多いのは，5 月である。
②   自動車 B の販売台数が一番多いのは，9 月である。
③   自動車 B に比べて，自動車 A は安定して売れている。
④   7 月に初めて，自動車 B の販売台数が自動車 A の販売台数を超えた。
⑤   自動車 B の販売台数は，6 月から 9 月まで伸び続けている。

問1の解説　　　　　　　　　　　　正解　4

　比率を示す折れ線グラフから正しく情報を読み取る問題である。

　折れ線グラフの値が，自動車Aの販売台数に対する自動車Bの販売台数の比を表している。比からは，自動車Aと自動車Bの販売台数の比較はできるが，実際の販売台数を読み取ることはできないことに注意する。

①：誤り。自動車Aに対する自動車Bの販売台数の比としては最も小さな値であるが，自動車Aの販売台数が最も多いかどうかはわからないので誤り。

②：誤り。自動車Aに対する自動車Bの販売台数の比としては最も大きな値であるが，自動車Bの販売台数が最も多いかどうかはわからないので誤り。

③：誤り。自動車A，Bともに販売台数はわからないため，安定して売れたかどうかも読み取ることはできないので誤り。

④：正しい。自動車Aに対する自動車Bの販売台数の比が100％を超えたとき，自動車Bのほうが自動車Aよりも販売台数が多かったとわかる。100％を初めて超えたのは7月なので正しい。

⑤：誤り。6月から9月まで，自動車Aに対する自動車Bの販売台数の比は伸びているが，自動車Bの販売台数は読み取れないので誤り。

　よって，正解は④である。

問2　変化率のグラフの読み取り

次の折れ線グラフは，ある自動車販売会社の昨年度上半期における自動車 A の販売台数について，前の月の販売台数に対する比を表したものである。

自動車 A の販売台数の前月比

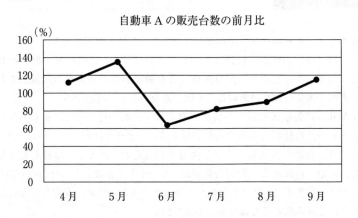

自動車 A の実際の販売台数を示すグラフとして，次の①〜⑤のうちから最も適切なものを一つ選べ。

①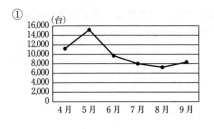

②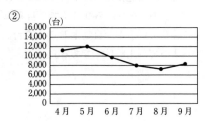

③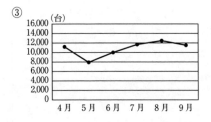

④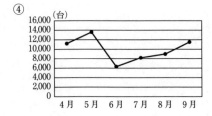

⑤

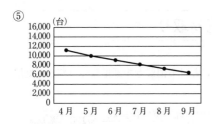

問2の解説

正解　1

　比率を示す折れ線グラフから正しく情報を読み取る問題である。

　グラフは，自動車Aにおける前の月の販売台数との前月比を表したものである。つまり，100％より上側にグラフがある月は，前の月よりも販売台数が多い月であり，下側にある月は，前の月よりも販売台数が少ない月である。

　よって，前月比が100％以上の4月，5月，9月は，前の月よりも販売台数が多いため，4月から5月，8月から9月の実際の販売台数は増加しており，右上がりのグラフであることがわかる。

　一方，前月比が100％以下の6月，7月，8月は，前の月よりも販売台数が少ないため，5月から6月，6月から7月，7月から8月の実際の販売台数は減少しており，右下がりのグラフであることがわかる。これに当てはまるのは，①，②のグラフである。

　さらに，5月は前月比が140％程度であり，実際に①のグラフで5月の販売台数は4月の約140％となっているのに対し，②のグラフで5月の販売台数はそれほど増加していない。

　よって，正解は①である。

次の折れ線グラフは，全国と東京都区部における消費者物価指数のうち，保健医療価格指数の変化率

$$\frac{(その年の保健医療価格指数) - (5\,年前の保健医療価格指数)}{(5\,年前の保健医療価格指数)} \times 100 \,〔\%〕$$

を5年ごとに示したものである。

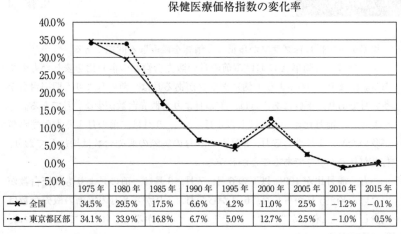

保健医療価格指数の変化率

	1975年	1980年	1985年	1990年	1995年	2000年	2005年	2010年	2015年
全国	34.5%	29.5%	17.5%	6.6%	4.2%	11.0%	2.5%	−1.2%	−0.1%
東京都区部	34.1%	33.9%	16.8%	6.7%	5.0%	12.7%	2.5%	−1.0%	0.5%

資料：総務省統計局「消費者物価指数」

　グラフから読み取れることとして，次の①～⑤のうちから最も適切なものを一つ選べ。

① このグラフにあるすべての年において，保健医療価格指数の変化率は，全国よりも東京都区部のほうが大きい。
② 全国よりも東京都区部のほうが人口密度が高いため，東京都区部の保健医療価格は全国の価格より高い。
③ 全国と東京都区部における保健医療価格指数は，2005 年以降，マイナスの変化率を保っている。
④ 全国と東京都区部における保健医療価格指数は，1975 年から 1995 年にかけて減少している。
⑤ 全国と東京都区部における保健医療価格指数は，1975 年から 2005 年にかけて増加している。

問3の解説　　　　　　　　　　　　　　　　正解　5

　変化率の推移を表した折れ線グラフから正しく情報を読み取る問題である。
①：誤り。1985 年から 1990 年までの間で，全国よりも東京都区部のほうが小さい時期があるとわかる。実際，グラフの下にある表を見ると，1985 年は全国よりも東京都区部のほうが小さい。
②：誤り。このグラフから人口密度に関する情報は得られないので，人口密度と保健医療価格との関係はわからない。
③：誤り。わずかではあるが，2015 年の東京都区部はプラスの変化率になっている。実際，グラフの下にある表を見ると，2015 年の変化率は 0.5％である。
④：誤り。変化率は減少しているが，いずれもプラスの変化率であるので，保健医療価格指数は増加し続けている。
⑤：正しい。2005 年までは常にプラスの変化率であるので，保健医療価格指数は増加し続けている。
　よって，正解は⑤である。

次の表は, 平成 4 年から平成 28 年までの百貨店とスーパーの飲料食品の年間販売額を表したものである.

(単位：百万円)

年	百貨店	スーパー
平成 4 年	2,604,238	4,548,240
平成 9 年	2,561,688	5,870,259
平成 14 年	2,329,045	6,947,226
平成 19 年	2,170,772	7,696,097
平成 20 年	2,173,185	7,983,370
平成 21 年	2,040,727	8,030,829
平成 22 年	1,969,304	8,220,866
平成 23 年	1,935,730	8,457,926
平成 24 年	1,916,244	8,535,260
平成 25 年	1,911,969	8,734,942
平成 26 年	1,928,884	9,071,134
平成 27 年	1,925,679	9,363,387
平成 28 年	1,895,414	9,552,469

資料：経済産業省「商業動態統計」

〔1〕平成4年から平成28年までの百貨店とスーパーにおける飲料食品の年間販売額の推移を調べたい。そのためのグラフとして，次の①〜④のうちから最も適切なものを一つ選べ。

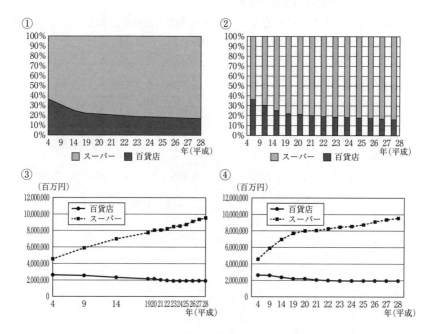

〔2〕スーパーにおける飲料食品の平成4年と平成28年の年間販売額を比べると，平成28年の年間販売額は平成4年の年間販売額の何倍か。次の①〜⑤のうちから最も適切なものを一つ選べ。

① 0.5 倍
② 0.7 倍
③ 1.4 倍
④ 2.1 倍
⑤ 3.3 倍

〔3〕百貨店における飲料食品の年間販売額の減少の度合いを検討するために，ある期間での変化率

$$\frac{(期間の最後の数値) - (期間の最初の数値)}{(期間の最初の数値)} \times 100 \ 〔\%〕$$

を考えることにした。平成22年から平成28年の期間の変化率はいくらか。次の①〜⑤のうちから最も適切なものを一つ選べ。

① 3.8%

② − 3.8%

③ 27.2%

④ − 27.2%

⑤ 73.9%

問4の解説	正解　〔1〕3，〔2〕4，〔3〕2

時系列データの読み取りについての理解を問う問題である。

〔1〕

①：適切でない。このグラフはスーパーと百貨店の年間販売額の割合の推移になっているので，年間販売額の推移を知ることはできない。

②：適切でない。このグラフはスーパーと百貨店の年間販売額の割合の推移になっているので，年間販売額の推移を知ることはできない。

③：適切である。時系列グラフ（折れ線グラフ）は，時間とともに推移する量を表すときに用いるグラフであり，横軸が平成19年以前の5年間隔と平成19年以降の1年間隔を反映した形で適切に表されている。

④：適切でない。初めの4つが5年間隔で，その後1年間隔のデータであるにもかかわらず，このグラフでは横軸が5年間と1年間を同じ間隔で表していて時間間隔を反映した形になっていないので不適切である。

よって，正解は③である。

〔2〕表より，スーパーにおける飲料食品の平成4年の年間販売額は，4,548,240百万円であり，平成28年の年間販売額は，9,552,469百万円である。単位の百万円を省略して求めると，平成28年の年間販売額は平成4年の年間販売額の，

$$9{,}552{,}469 \div 4{,}548{,}240 = 2.100\cdots \fallingdotseq 2.1 \ 〔倍〕$$

である。

よって，正解は④である。

〔3〕平成22年から平成28年の期間の変化率は，単位の百万円を省略して求めると，

$$\frac{1895414 - 1969304}{1969304} \times 100 = -3.752\cdots \fallingdotseq -3.8 \ 〔\%〕$$

である。

よって，正解は②である。

問5　空間的データの読み取り

　AさんとBさんは2016年の全国のそば・うどん店の事業所数を調べ，次のような議論を交わした。

> Aさん　全国的にみても，香川県のそば・うどん店の事業所数が多そうだね。
>
> Bさん　でもこの資料を見ると全国的にそば・うどん店の事業所数が多いのは東京都で，そのほかも，大阪府や福岡県など人口が多いところが多いよ。香川県はそこまで多くないみたい。
>
> Aさん　ということは人口が多いところは，人が多いから事業所数が多い。だから人口1千人当たりの事業所数で求めたほうが，その都道府県の人口の多さに対する事業所数がわかるね。

　次の2つのグラフはそれぞれ，2016年の都道府県別そば・うどん店事業所数と人口1千人当たりの都道府県別そば・うどん店の事業所数のいずれかを日本地図上に表現したものである。この2つのグラフでは色が濃いほど値が大きいことを表している。

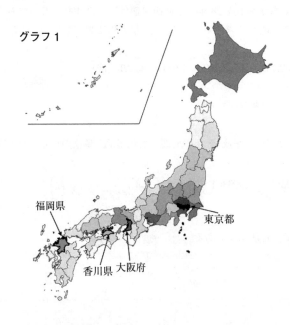

グラフ1

福岡県　香川県　大阪府　東京都

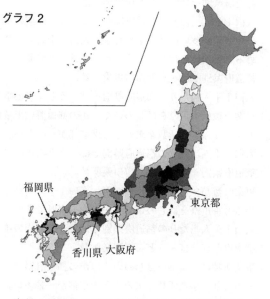

グラフ 2

資料：総務省・経済産業省「平成 28 年経済センサス－活動調査」

　グラフ 1 とグラフ 2 が表しているもの，および，そば・うどん店事業所数に関する説明として，次の①〜⑤のうちから最も適切なものを一つ選べ。

① グラフ1：都道府県別そば・うどん店事業所数
　　グラフ2：人口1千人当たりの都道府県別そば・うどん店の事業所数
　　説明　：事業所数が多いのは東京都だが，人口1千人当たりの事業所数を求
　　　　　　めると香川県をはじめいくつかの都道府県で多い。
② グラフ1：都道府県別そば・うどん店事業所数
　　グラフ2：人口1千人当たりの都道府県別そば・うどん店の事業所数
　　説明　：事業所数は香川県をはじめいくつかの都道府県で多いが，人口1千
　　　　　　人当たりの事業所数を求めると東京都が一番多い。
③ グラフ1：人口1千人当たりの都道府県別そば・うどん店の事業所数
　　グラフ2：都道府県別そば・うどん店事業所数
　　説明　：事業所数が多いのは東京都だが，人口1千人当たりの事業所数を求
　　　　　　めると香川県をはじめいくつかの都道府県で多い。
④ グラフ1：人口1千人当たりの都道府県別そば・うどん店の事業所数
　　グラフ2：都道府県別そば・うどん店事業所数
　　説明　：事業所数は香川県をはじめいくつかの都道府県で多いが，人口1千
　　　　　　人当たりの事業所数を求めると東京都が一番多い。
⑤ グラフ1：都道府県別そば・うどん店事業所数
　　グラフ2：人口1千人当たりの都道府県別そば・うどん店の事業所数
　　説明　：事業所数が多いのは東京都だが，人口1千人当たりの事業所数を求
　　　　　　めるとどの都道府県もほとんど同じで差がない。

問5の解説

　統計地図に関する問題である。

　Bさんの発言から，グラフ1が都道府県別そば・うどん店事業所数を表しているグラフとわかる。

　したがって，グラフ2が人口1千人当たりの都道府県別そば・うどん店事業所数を表すグラフである。

　また，グラフ1から事業所数が多いのは東京都とわかり，グラフ2から人口1千人当たりの事業所数が多いのは香川県のほかに山梨県，群馬県が多いことがわかる。

　よって，正解は①である。

PART 1 統計検定3級・4級 受験ガイド

PART 2 [3級]分野・項目別の問題・解説

PART 3 [3級]模擬テスト

PART 4 [4級]分野・項目別の問題・解説

PART 5 [4級]模擬テスト

APPENDIX 付表

確率の基礎

確率の計算

　コインを3回投げて表が1回出る確率を求める式を，次の①～④のうちから適切なものを一つ選べ。

① $\dfrac{1}{2}$

② $\left(\dfrac{1}{2}\right) \times \left(\dfrac{1}{2}\right)$

③ $\left(\dfrac{1}{2}\right) \times \left(\dfrac{1}{2}\right) \times \left(\dfrac{1}{2}\right)$

④ $3 \times \left(\dfrac{1}{2}\right) \times \left(\dfrac{1}{2}\right) \times \left(\dfrac{1}{2}\right)$

問1の解説

確率に関する基本事項を問う問題である。

表と裏が出ることは同様に確からしいと考える。つまり，コインを1回投げる場合，表が出る確率も，裏が出る確率も $\frac{1}{2}$ である。

コインを3回投げる場合，表が1回しか出ないのは，以下の樹形図の太い線で示している（表，裏，裏），（裏，表，裏），（裏，裏，表）の3通りなので，その確率は $\frac{3}{8}$ である。これを変形すると

$$\frac{3}{8} = 3 \times \frac{1}{2} \times \frac{1}{2} \times \frac{1}{2}$$

である。

よって，正解は④である。

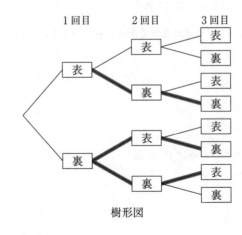

樹形図

　3つの袋A, B, Cがある。袋Aには赤球5個と白球3個, 袋Bには赤球10個と白球6個, 袋Cには赤球20個と白球12個がそれぞれ入っている。

　この3つの袋から1つの袋を選んで, その袋の中から球を1個取り出すとき, 白球を取り出す確率が高いものを選びたい。どの袋を選べばよいか。次の①〜④のうちから最も適切なものを一つ選べ。

① 　A
② 　B
③ 　C
④ 　どれも同じ

問 2 の解説　　　　　　　　　　　　　　　　　　　　正解　4

　確率に関する理解を問う問題である。

　袋Aは計8個の中で白球は3個であるから, 白球を取り出す確率は $\dfrac{3}{8}$ である。同様に,

　　袋Bは $\dfrac{6}{16} = \dfrac{3}{8}$

　　袋Cは $\dfrac{12}{32} = \dfrac{3}{8}$

以上より, これらの確率はすべて等しいことがわかる。
　よって, 正解は④である。

PART
1
統計検定3級・4級
受験ガイド

PART
2
［3級］分野・項目
別の問題・解説

PART
3
［3級］模擬テスト

PART
4
［4級］分野・項目
別の問題・解説

PART
5
［4級］模擬テスト

APPENDIX
付表

問**3**　確率の計算

箱の中に赤玉と白玉が2個ずつ入っている。赤玉には1，2，白玉には3，4と数字が書かれている。

1個取り出して色を確認した後に箱に戻す操作を3回繰り返したとき，赤玉が2回取り出される確率を求める式として，次の①〜⑤のうちから適切なものを一つ選べ。

① $\dfrac{2 \times 2 \times 2}{4 \times 4 \times 4} \times 3$

② $\dfrac{2 \times 2 \times 2}{4 \times 4 \times 4} \times 2$

③ $\dfrac{2 \times 2 \times 2}{4 \times 4 \times 4}$

④ $\dfrac{2 + 2 + 2}{4 + 4 + 4} \times 3$

⑤ $\dfrac{2 + 2 + 2}{4 + 4 + 4} \times 2$

問**3**の解説　　　　　　　　　　　　　　　　　正解　**1**

　確率に関する基本事項を問う問題である。

　取り出したものをもとに戻す操作を3回繰り返すときの取り出す方法の総数は4×4×4〔通り〕である。赤赤白の順に取り出す方法の総数は2×2×2〔通り〕ある。赤赤白以外にも赤白赤，白赤赤の計3通りあるから，確率を求める式は，$\dfrac{2 \times 2 \times 2}{4 \times 4 \times 4} \times 3$である。

　よって，正解は①である。

確率の意味

1の目が出る確率が $\frac{1}{6}$ であるさいころがある。このさいころを投げるとき，どのようなことがいえるか。次の（ア）〜（ウ）のそれぞれの内容について，正しいものには○を，誤っているものには×を付けるとき，その正誤の組合せとして，下の①〜⑤のうちから最も適切なものを一つ選べ。

（ア）　5回投げて1の目が1回も出なかったとすれば，次に投げると必ず1の目が出る。

（イ）　6回投げるとき，そのうち1回は必ず1の目が出る。

（ウ）　30回投げるとき，そのうち5回は必ず1の目が出る。

---

① （ア）×　　（イ）○　　（ウ）○

② （ア）×　　（イ）×　　（ウ）○

③ （ア）×　　（イ）×　　（ウ）×

④ （ア）○　　（イ）○　　（ウ）×

⑤ （ア）○　　（イ）×　　（ウ）×

問4の解説　　　　　　　　　　　　　　　　　　　　正解　3

確率の意味を理解しているかを問う問題である。

　ある実験や観察で，起こり得る場合がいく通りもあるとき，そのうちのある事柄の起こりやすさの度合いを表す数を，その事柄の起こる確率という。たとえば，確率が 0.5 であっても，「ちょうど半分起こる」ということを表すものではない。

（ア）誤り。前の状況にかかわらず，1 の目の出る確率は $\frac{1}{6}$ であり，必ず出ることはないので誤り。

（イ）誤り。1 の目の出る確率が $\frac{1}{6}$ であるとは，6 回投げると必ず 1 回出ることを意味していないので誤り。

（ウ）誤り。1 の目の出る確率が $\frac{1}{6}$ であるとは，30 回投げると必ず 5 回出ることも意味していないので誤り。

　以上から，すべての内容が誤りなので，正解は③である。

［補足］

　たくさん投げることによって，1 の目が出る割合が $\frac{1}{6}$ に近づくことが知られている。

1から6までの数字が1面ずつ書いてある青いさいころと，2，4，6が2面ずつ書いてある赤いさいころがある。Aさんは青いさいころ，Bさんは赤いさいころを投げ，出た目が大きいほうが勝ちとし，出た目が同じである場合は引き分けとする。

Aさんが勝つ確率はいくらか。次の①〜⑤のうちから適切なものを一つ選べ。

① $\dfrac{1}{3}$　　② $\dfrac{1}{6}$　　③ $\dfrac{1}{10}$　　④ $\dfrac{1}{12}$　　⑤ $\dfrac{1}{24}$

問5の解説　　　　　　　　　　　　　　　　　　正解　1

提示された状況を正確に理解し，確率を求められるかを問う問題である。
次の表は，AさんがBさんに勝つ場合を○で表したものである。

A＼B	2	2	4	4	6	6
1						
2						
3	○	○				
4	○	○				
5	○	○	○	○		
6	○	○	○	○		

さいころの目の出方の総数は，

　$6 \times 6 = 36$〔通り〕

そのうち，AさんがBさんに勝つ場合の数は表から，12通りである。

　求める確率は，$\dfrac{12}{36} = \dfrac{1}{3}$

よって，正解は①である。

PART 1　統計検定3級・4級 受験ガイド
PART 2　「3 級」分野・項目 別の問題・解説
PART 3　「3 級」模擬テスト
PART 4　「4 級」分野・項目 別の問題・解説
PART 5　「4 級」模擬テスト
APPENDIX　付表

問6　確率の計算

　ある大学の授業で準備された貸出用パーソナルコンピュータが 22 台ある。このうち，3 台は壊れているとの報告があった。今，あなたがこの中から 2 台を借りるとき，1 台だけが壊れている確率を求める式として，次の①〜⑤のうちから正しいものを一つ選べ。

① $\dfrac{19}{22} + \dfrac{3}{21}$

② $\dfrac{19}{22} \times \dfrac{3}{22} + \dfrac{3}{22} \times \dfrac{2}{22}$

③ $\dfrac{19}{22} \times \dfrac{3}{21}$

④ $\dfrac{19}{22} \times \dfrac{3}{21} + \dfrac{3}{22} \times \dfrac{19}{21}$

⑤ $\dfrac{19}{22} \times \dfrac{13}{21} \times \dfrac{3}{20} \times \dfrac{2}{19}$

問6の解説　　　　　　　　　　　　　　　　　正解　④

　確率の計算問題である。

　2 台を借りるとき，1 台だけ壊れているということは，「1 台目は正常，2 台目は壊れている」場合と，「1 台目は壊れている，2 台目は正常」の場合があると考えてよい。このとき，1 台目を借りた後，2 台目を借りる前に戻さないことに注意すると，

　　「1 台目は正常，2 台目は壊れている」場合の確率は，$\dfrac{19}{22} \times \dfrac{3}{21}$

　　「1 台目は壊れている，2 台目は正常」の場合の確率は，$\dfrac{3}{22} \times \dfrac{19}{21}$

である。

　したがって，確率は，$\dfrac{19}{22} \times \dfrac{3}{21} + \dfrac{3}{22} \times \dfrac{19}{21}$ で求められる。

　よって，正解は④である。

次の（ア），（イ），（ウ），（エ）のコメントについて，正しいコメントには○を，誤ったコメントには×を付けるとき，その組合せとして，下の①〜⑤のうちから最も適切なものを一つ選べ。

（ア）　ゆがみのない1枚のコインを1回投げるとき，「表が出る」ことと「裏が出る」ことは同様に確からしいと仮定できる。

（イ）　「明日雨が降る」ことと「明日雨が降らない」ことは同様に確からしいと仮定できる。

（ウ）　色以外では区別がつかない赤玉60個と白玉40個の合計100個の玉が入っている袋から無作為に1個の玉を取り出すとき，「赤玉を取り出す」ことと「白玉を取り出す」ことは等確率である。

（エ）　ゆがみのない1個のさいころを1回投げるとき，「偶数の目が出る」ことと「奇数の目が出る」ことは等確率である。

---

① （ア）○　　（イ）○　　（ウ）×　　（エ）×

② （ア）○　　（イ）×　　（ウ）○　　（エ）×

③ （ア）○　　（イ）×　　（ウ）×　　（エ）○

④ （ア）×　　（イ）○　　（ウ）○　　（エ）×

⑤ （ア）×　　（イ）○　　（ウ）×　　（エ）○

PART 1 統計検定3級・4級 受験ガイド
PART 2 「3級」分野・項目別の問題・解説
PART 3 「3級」模擬テスト
PART 4 「4級」分野・項目別の問題・解説
PART 5 「4級」模擬テスト
APPENDIX 付表

問7の解説　　　　　　　　　　　　　正解　3

確率の定義を理解しているかを問う問題である。

（ア）正しい。「表が出る」ことと「裏が出る」ことは常に同じ程度$\left(確率が\frac{1}{2}\right)$と期待できるので正しい。

（イ）誤り。「明日雨が降る」ことと「明日雨が降らない」ことは常に同じ程度$\left(確率が\frac{1}{2}\right)$と期待できないので誤り。

（ウ）誤り。「赤玉を取り出す」確率は$\frac{3}{5}$，「白玉を取り出す」確率は$\frac{2}{5}$なので誤り。

（エ）正しい。「偶数の目が出る」確率は$\frac{1}{2}$，「奇数の目が出る」確率は$\frac{1}{2}$なので正しい。

以上から，正しいコメントは（ア）と（エ）のみなので，正解は③である。

［補足］

起こるか起こらないか不確かな事柄を「事象」という。事象の中でそれ以上分割できない事象を「根元事象」という。根元事象のどれが起こることも同じ程度に期待できるとき「同様に確からしい」という。

（ア）の2つの事象は根元事象であり，どちらが起こることも同じ程度に期待できるので「同様に確からしい」といえる。（イ）の2つの事象は根元事象であるが，どちらが起こることも同じ程度に期待はできないので「同様に確からしい」とはいえない。

また，（エ）の2つの事象は「等確率」ではあるが，必ずしも「それ以上分割できない事象」とはいえないので，根元事象とはいえない。

[4級] 模擬テスト

PART5では，4級の実際の試験を模擬体験できるテスト問題を掲載する。本試験の半分程度の問題数であるが，問題のレベルや解答感覚を身につけてほしい。正解と解説は後半部分にまとめている。

問題数：15題　試験時間：30分　合格水準：6割以上

1 問題

2 正解と解説

1 問題

問1

次のうちで，質的データはどれか。下の①～⑤のうちから最も適切なものを一つ選べ。 1

> A　生徒が受けたテストの得点
> B　月曜午後9時から午後10時までのテレビ番組ごとの視聴率
> C　一番好きなアイドル

① Aのみ　　　　② AとCのみ　　　③ BとCのみ
④ AとBとC　　⑤ Cのみ

問2

調査実施に関する次の説明がある。

「ある地区に居住している15歳以上の人を対象として，アンケート調査を行った。今回は対象者の中から無作為に送付先を選び，調査票を送付したところ，送付先全体の48％から回答が得られた。回答した人が36人の場合，回答が得られなかったのは（A）人であり，送付対象となった人は（B）人である。この調査では，『この地区に居住している15歳以上の人』の集団のことを（C）と呼ぶ。」

この文章内の（A）～（C）について適切な組合せを，次の①～⑤のうちから一つ選べ。 2

① （A）12　　　（B）75　　　（C）母集団
② （A）39　　　（B）75　　　（C）母集団
③ （A）39　　　（B）75　　　（C）標本
④ （A）75　　　（B）39　　　（C）母集団
⑤ （A）75　　　（B）39　　　（C）標本

| 問3 |

次の円グラフは，2013 年に小学 6 年生男子 152 人に聞いた「将来就きたい職業」についての結果を表したものである。

小学 6 年生男子の「将来就きたい職業」

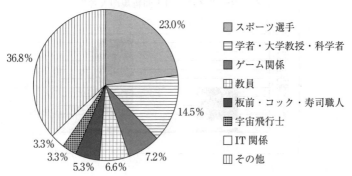

23.0%
36.8%
14.5%
3.3%
3.3%
5.3%　6.6%　7.2%

■ スポーツ選手
▤ 学者・大学教授・科学者
■ ゲーム関係
▦ 教員
■ 板前・コック・寿司職人
▦ 宇宙飛行士
□ IT 関係
▥ その他

資料：株式会社クラレ「将来就きたい職業，就かせたい職業・2013」

上のグラフについて，次の（ア），（イ），（ウ）の 3 つの説明がある。グラフから読み取れる説明には○を，グラフからは読み取れない説明には×を付けるとき，その組合せとして，下の①～⑤のうちから最も適切なものを一つ選べ。　3

（ア）　就きたい職業の上位 4 位までで，回答者の過半数を占めている。

（イ）　10 年前（2003 年）も 1 位「スポーツ選手」は同じである。

（ウ）　「板前・コック・寿司職人」は回答者の $\frac{1}{20}$ 程度である。

---

① （ア）○　　（イ）×　　（ウ）○

② （ア）×　　（イ）○　　（ウ）×

③ （ア）○　　（イ）○　　（ウ）○

④ （ア）○　　（イ）×　　（ウ）×

⑤ （ア）×　　（イ）×　　（ウ）○

| 問 **4** |

たかしさんとまい子さんは，あるスポーツクラブの新規加入者数を示す棒グラフからわかることとして，次のことを考えた。

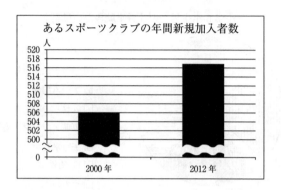

> たかしさん：2012年は2000年に比べて，スポーツクラブの新規加入者数が倍増している。
>
> まい子さん：スポーツクラブの新規加入者数は，毎年増加している。

たかしさんとまい子さんの考えたことが，上の棒グラフから読み取れる場合を○，読み取れない場合を×にしたときに，次の①〜④のうちから最も適切なものを一つ選べ。　　4

① たかしさんのみ○
② まい子さんのみ○
③ たかしさんとまい子さんの両方が○
④ たかしさんとまい子さんの両方が×

問5

次のデータは，ある中学校 1 年生 15 人の右手の握力（kg）の記録である。

41　22　20　34　21　18　24　48　29　31　34　20　36　16　26

次の表は，上のデータの度数分布表である。（ア），（イ）に当てはまる値の組合せとして，下の①〜⑤のうちから適切なものを一つ選べ。　5

（単位：人）

階級	度数
15kg 以上 20kg 未満	2
20kg 以上 25kg 未満	（ア）
25kg 以上 30kg 未満	（イ）
30kg 以上 35kg 未満	3
35kg 以上 40kg 未満	1
40kg 以上 45kg 未満	1
45kg 以上 50kg 未満	1
計	15

①　（ア）4　　（イ）3
②　（ア）3　　（イ）4
③　（ア）5　　（イ）2
④　（ア）2　　（イ）5
⑤　（ア）6　　（イ）1

次のヒストグラムはある中学校の3年A組40人の数学のテストの得点の分布を表している。ただし，ヒストグラムの階級はそれぞれ，0点以上10点未満，10点以上20点未満，…，80点以上90点未満，90点以上100点未満のように区切られている。なお，このテストで100点を取った生徒はいなかったことがわかっている。

このヒストグラムから読み取れることとして，下の（ア），（イ），（ウ）の3つの意見が出された。正しい意見には○を，誤った意見には×を付けるとき，その組合せとして，下の①〜⑤のうちから最も適切なものを一つ選べ。　　6

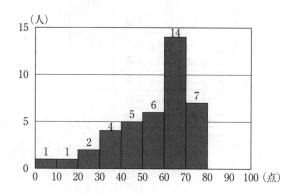

（ア）　65点の点数を取った生徒が少なくとも1人はいる。

（イ）　90点以上を取った生徒は1人もいない。

（ウ）　A組のクラス全体でのテストの得点の平均値は中央値よりも高い。

---

①　（ア）○　　　（イ）○　　　（ウ）○
②　（ア）×　　　（イ）○　　　（ウ）○
③　（ア）×　　　（イ）○　　　（ウ）×
④　（ア）×　　　（イ）×　　　（ウ）○
⑤　（ア）○　　　（イ）○　　　（ウ）×

| 問7 |

　次のヒストグラムは，平成27年度学校基本調査における都道府県別中学校数を表したものである。ただし，ヒストグラムの階級はそれぞれ，0校以上100校未満，100校以上200校未満，…，900校以上1,000校未満のように区切られている。

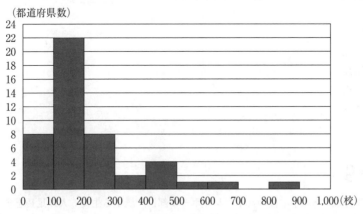

資料：文部科学省「平成27年度 学校基本調査」

　中学校数が300校以上である都道府県の割合はいくらか。次の①〜⑤のうちから最も適切なものを一つ選べ。　| 　7　|

① 　2%

② 　4%

③ 　15%

④ 　19%

⑤ 　36%

問8

たかし君の中学校では、昨年度に英語のテストが5回行われた。たかし君の最初の3回の平均点は68点であった。

たかし君の4回目は75点で5回目は71点であった。たかし君の5回の平均点は何点か。次の①〜⑤のうちから適切なものを一つ選べ。 8

① 70点
② 71点
③ 72点
④ 73点
⑤ 74点

問9

次の表は、ある中学校の女子バレーボール部に所属する生徒6人の足長をまとめたものである。

名前	A さん	B さん	C さん	D さん	E さん	F さん
足長 （cm）	22.0	23.5	26.0	25.5	22.5	24.0

6人の足長の中央値はいくらか。次の①〜⑤のうちから適切なものを一つ選べ。
9

① 23.0cm
② 23.5cm
③ 23.75cm
④ 24.0cm
⑤ 24.5cm

| 問10 |

次のドットプロットは，あるクラスの生徒 35 人を対象に，1 週間で忘れ物をした件数を調べ，その結果をまとめたものである。

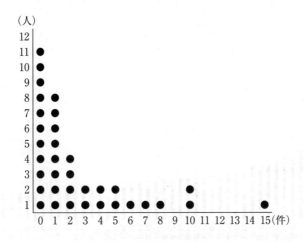

次の文は，この調査結果について述べたものである。(a)，(b)，(c) に入る値の組合せとして，下の①〜⑤のうちから最も適切なものを一つ選べ。 10

- 1 週間で忘れ物をした件数の最頻値は (a) 件であった。
- 1 週間で忘れ物をした件数が 2 件未満の人の割合は全体の (b) ％であった。
- 1 週間で忘れ物をした件数が 5 件以上の人は (c) 人であった。

① (a) 11 　　(b) 54.3 　　(c) 8
② (a) 11 　　(b) 65.7 　　(c) 8
③ (a) 11 　　(b) 54.3 　　(c) 7
④ (a) 0 　　(b) 54.3 　　(c) 8
⑤ (a) 0 　　(b) 65.7 　　(c) 7

次の棒グラフは，平成22年度の沖縄県を除く46都道府県の成人1人当たりのワイン消費量（単位：L）を表している。

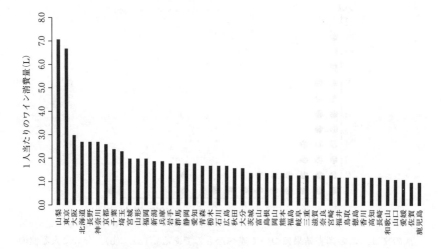

資料：国税庁課税部酒税課「平成22年度酒類販売（消費）数量表」

この結果の中で，7.1Lの山梨県が最も多く，次いで東京都の6.7Lであり，最も少ないのは鹿児島県，佐賀県で消費量は1.0Lであった。この棒グラフから作成した46の都道府県のワイン消費量の箱ひげ図として，次の①〜⑤のうちから最も適切なものを一つ選べ。 ⌷ 11 ⌷

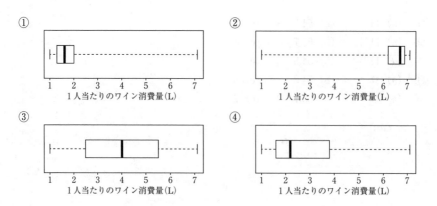

⑤
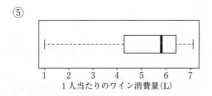
1 人当たりのワイン消費量(L)

| 問 12 |

　2004 年から 2006 年の 3 年間の交通事故統計データによると，車両単独の交通事故において，後部座席に乗っていた人の傷害度別人数は次の表のとおりである。

後部座席に乗っていた人の傷害度別人数

	死亡・重傷	軽傷	合計（人数）
シートベルトをしめていなかった	1,722	7,843	9,565
シートベルトをしめていた	229	1,821	2,050
合計	1,951	9,664	11,615

資料：交通事故総合分析センター「イタルダ・インフォメーション 2008.5」

　交通事故で亡くなったり重傷を負ったりする人を減らすために，このデータを活用して後部座席に乗っている人がシートベルトをしめる大切さを人々に訴えたい。このとき，次の①〜⑤のうちから最も適切なものを一つ選べ。　□12□

① 1722 と 7843 を比較して人々に訴える。

② 229 と 1821 を比較して人々に訴える。

③ $\dfrac{1722}{1951}$ と $\dfrac{229}{1951}$ を比較して人々に訴える。

④ $\dfrac{1722}{9565}$ と $\dfrac{229}{2050}$ を比較して人々に訴える。

⑤ $\dfrac{1722}{11615}$ と $\dfrac{229}{11615}$ を比較して人々に訴える。

PART 1 統計検定 3 級・4 級 受験ガイド

PART 2 「3 級」分野・項目 別の問題・解説

PART 3 「3 級」模擬テスト

PART 4 「4 級」分野・項目 別の問題・解説

PART 5 「4 級」模擬テスト

APPENDIX 付表

次のグラフは，全国の保健所に引き取られた犬・猫の引取り数と，犬・猫の殺処分率の推移を表したものである。ただし，殺処分率は，$\dfrac{(犬・猫の殺処分総数)}{(犬・猫の引取り総数)} \times 100$〔%〕

で与えられる値である。

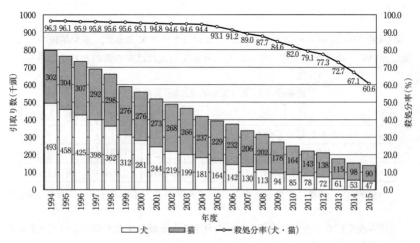

資料：環境省「動物愛護管理行政事務提要（平成 27 年度版）」

上のグラフから読み取れることとして，次の（ア），（イ），（ウ）の意見があった。グラフから読み取れる意見には○を，グラフから読み取れない意見には×を付けるとき，その組合せとして，下の①〜⑤のうちから最も適切なものを一つ選べ。 13

（ア）　犬・猫の引取り数，殺処分率ともに減少傾向にあるので，殺処分される
犬・猫の総数はほとんど変化がない。

（イ）　犬・猫の引取り数に対する，猫の引取り数の割合は1994年度から2015
年度にかけて毎年減少している。

（ウ）　犬・猫の引取り数は1994年度から2015年度にかけて毎年減少してい
る。

① （ア）○　　　（イ）○　　　（ウ）○
② （ア）×　　　（イ）○　　　（ウ）○
③ （ア）○　　　（イ）×　　　（ウ）○
④ （ア）×　　　（イ）×　　　（ウ）○
⑤ （ア）×　　　（イ）○　　　（ウ）×

次の折れ線グラフは，東京都区部における公衆浴場の大人1人の入浴料，うどん1杯の価格，はがき1通の価格の推移を示したものである。

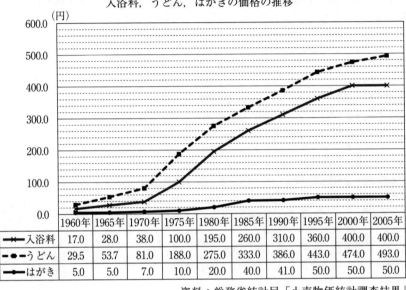

入浴料，うどん，はがきの価格の推移

	1960年	1965年	1970年	1975年	1980年	1985年	1990年	1995年	2000年	2005年
入浴料	17.0	28.0	38.0	100.0	195.0	260.0	310.0	360.0	400.0	400.0
うどん	29.5	53.7	81.0	188.0	275.0	333.0	386.0	443.0	474.0	493.0
はがき	5.0	5.0	7.0	10.0	20.0	40.0	41.0	50.0	50.0	50.0

資料：総務省統計局「小売物価統計調査結果」

1980年を100としたとき，2005年の指数を大きい順に並べたものとして，次の①～⑤のうちから適切なものを一つ選べ。 [14]

① （入浴料の指数） ＞ （うどんの指数） ＞ （はがきの指数）
② （うどんの指数） ＞ （入浴料の指数） ＞ （はがきの指数）
③ （うどんの指数） ＞ （はがきの指数） ＞ （入浴料の指数）
④ （はがきの指数） ＞ （入浴料の指数） ＞ （うどんの指数）
⑤ （はがきの指数） ＞ （うどんの指数） ＞ （入浴料の指数）

| 問15 |

10本中2本が当たりのくじがある。このとき，次の（ア），（イ），（ウ）の記述に関してその正誤を考えた。下の①～⑤のうちから最も適切なものを一つ選べ。

15

（ア）　引いたくじは毎回もとに戻し，常に10本から1本を引くとする。A君とB君が順にこのくじを引くとき，先に引くA君と後に引くB君の当たる確率は変わらない。

（イ）　一度引いたくじは戻さないこととし，初めの人は10本から1本を引き，次の人は残った9本から1本を引くとする。A君とB君が順にこのくじを引くとき，先に引くA君と後に引くB君の当たる確率は変わらない。

（ウ）　A君がくじを引き，当たったときは外れくじを1本増やし，外れたときは当たりくじを1本増やし，A君の引いたくじは戻さずに，10本からB君が1本を引くとする。このとき，先に引くA君と後に引くB君の当たる確率は変わらない。

---

①　（ア）のみ正しい。

②　（イ）のみ正しい。

③　（ア）と（イ）が正しい。

④　（イ）と（ウ）が正しい。

⑤　すべて正しい。

2 正解と解説

質的データと量的データを理解しているかどうかを問う問題である。

統計の調査項目は，大きく質的データと量的データに分けることができる。質的データは，分類されたカテゴリーの中からどのカテゴリーをとったかを記録したものである。一方，量的データは，大きさや量など，数量として記録したデータである。

A．量的データである。テストの得点は，50点，60点のような数値からなる量的データである。

B．量的データである。テレビ番組の視聴率は，10%，20%のような数値からなる量的データである。たとえば，あるテレビ番組を100世帯当たり15世帯で視聴していたとすると，このテレビ番組の視聴率は15%になる。

C．質的データである。一番好きなアイドルは，Aさん，Kさん，Bさんのようなカテゴリーから1つ選んだ質的データである。

以上から，質的データはCのみなので，正解は⑤である。

問2 標本調査：母集団と標本 正解 2

標本調査における母集団と標本の関係や回答率に関する正しい理解を問う問題である。

送付先の48%が36人であることから，送付対象者の数は$\frac{36}{0.48} = 75$〔人〕となる。

つまり，回答が得られなかった人は，$75 - 36 = 39$〔人〕である。また，この調査において「この地区に居住している15歳以上の人」の集団が母集団となっている。このことから，(A) は39，(B) は75，(C) は母集団となる。

よって，正解は②である。

問3	統計グラフ：円グラフ	正解 1

　円グラフから情報を正しく読み取れるかどうかを問う問題である。

（ア）正しい。就きたい職業の上位 4 位は，「スポーツ選手」，「学者・大学教授・科学者」，「ゲーム関係」，「教員」であり，それぞれの割合の和は，

$$23.0 + 14.5 + 7.2 + 6.6 = 51.3 〔\%〕$$

と過半数を占めているので正しい。

（イ）誤り。グラフから，2013 年の「将来就きたい職業」の 1 位は「スポーツ選手」であることがわかるが，10 年前はどうかはわからないので誤り。

（ウ）正しい。「板前・コック・寿司職人」は 5.3%。これは回答者の $\frac{1}{20}$ 程度であり正しい。

　以上から，正しい記述は（ア）と（ウ）のみなので，正解は①である。

問4	統計グラフ：棒グラフ	正解 4

　棒グラフについて基本事項を正しく理解しているかを問う問題である。

　たかしさんの考えは棒グラフからは読み取れない。棒の高さだけ見ると，2012 年は 2000 年に比べて倍増しているようにみえるが，縦軸の目盛りを見ると，2021 年の 517 人に対して 2000 年の 506 人であり，11 人しか増加していないことがわかる。

　まい子さんの考えも棒グラフからは読み取れない。確かに 2000 年に比べて 2012 年の新規加入者は増加しているが，その間の 2001 ～ 2011 年の新規加入者はグラフに明示されていない。したがって，毎年増加しているかどうかはこの棒グラフからは読み取ることができない。

　以上から，たかしさん，まい子さんの考えたことはともに棒グラフからは読み取れないので，正解は④である。

与えられたデータを小さいほうから順に並べると次のようになる（単位は kg）。

16　18　20　20　21　22　24　26　29　31　34　34　36　41　48

度数分布表の作成についての理解を問う問題である。

（ア）は，20kg 以上 25kg 未満の階級の度数である。この階級には，20kg，20kg，21kg，22kg，24kg の 5 人が含まれるので，度数は 5 である。

（イ）は，25kg 以上 30kg 未満の階級の度数である。この階級には，26kg，29kg の 2 人が含まれるので，度数は 2 である。

以上から，（ア）は 5，（イ）は 2 である。

よって，正解は③である。

ヒストグラムを正しく読み取れるかを問う問題である。

（ア）誤り。ヒストグラムを見ると，60 点以上 70 点未満の生徒は 14 人いることがわかるが，全員が 65 点以外の点数を取っている場合も考えられるので誤り。

（イ）正しい。90 点以上 100 点以下の階級には 1 人も該当する生徒がいないので正しい。

（ウ）誤り。中央値は，得点を大きさの順に並べたとき，中央の位置にくる値。この場合，A 組の生徒数は 40 人であるから，得点を小さい順に並べたとき 20 番目と 21 番目の生徒は，60 点以上 70 点未満の階級にある。したがって，中央値は 60 点以上と考えられる。

　一方，ヒストグラムから平均値の概算を階級の最大値の点数を取ったとして計算すると，

$$\frac{9 \times 1 + 19 \times 1 + 29 \times 2 + 39 \times 4 + 49 \times 5 + 59 \times 6 + 69 \times 14 + 79 \times 7}{40}$$

$$= \frac{2360}{40} = 59 〔点〕$$

であるから，これらより，（平均値）＜（中央値）であるので誤り。

以上から，正しいものは（イ）のみなので，正解は③である。

［別解］

A組の数学のテストの得点は，左に裾の長い分布をしているため，平均値は得点の小さい生徒の影響を受けて，小さい値に引っ張られる。このことより，一般に，（平均値）＜（中央値）という関係になる。

問7　データの要約：ヒストグラム（柱状グラフ）　正解　4

ヒストグラムを正しく読み取れるかを問う問題である。

300校以上900校未満の各階級の度数は順に，2，4，1，1，0，1であるから，中学校数が300校以上である都道府県の割合は，

$$\frac{2+4+1+1+0+1}{47} \times 100 = 19.1489\cdots \fallingdotseq 19 \text{〔\%〕}$$

よって，正解は④である。

問8　データの要約：中心の位置を示す指標（代表値）　正解　1

平均値の求め方を理解しているかを問う問題である。

たかし君の最初の3回の合計点は，平均点が68点であるから，

$$68 \times 3 = 204 \text{〔点〕}$$

である。4回目が75点で，5回目が71点であるから，5回の平均点は，

$$(204 + 75 + 71) \div 5 = 350 \div 5 = 70 \text{〔点〕}$$

である。

よって，正解は①である。

PART 1 統計検定3級・4級 受験ガイド

PART 2 ［3級］分野・項目別の問題・解説

PART 3 ［3級］模擬テスト

PART 4 ［4級］分野・項目別の問題・解説

PART 5 ［4級］模擬テスト

APPENDIX 付表

データの要約：中心の位置を示す指標（代表値） 正解　3

中央値について正しく理解をしているかを問う問題である。

6人の中央値は大きさの順に並べて3番目と4番目の平均値である。与えられたデータを小さいほうから順に並べると次のようになる（単位はcm）。

22.0　22.5　23.5　24.0　25.5　26.0

（中央値）＝ (23.5 + 24.0) ÷ 2 = 23.75〔cm〕

よって，正解は③である。

データの要約：分布の散らばりの理解　正解　4

(a) 1週間で忘れ物をした件数の最頻値は0件である。

(b) 1週間で忘れ物をした件数が2件未満の人の割合は，

$$\frac{11 + 8}{35} \times 100 = 54.28\cdots \fallingdotseq 54.3 \,〔\%〕$$

(c) 1週間で忘れ物をした件数が5件以上の人は，

2 + 1 + 1 + 1 + 2 + 1 = 8〔人〕

よって，正解は④である。

PART 1 統計検定3級・4級 受験ガイド

PART 2 「3級」分野・項目 別の問題・解説

PART 3 「3級」模擬テスト

PART 4 「4級」分野・項目 別の問題・解説

PART 5 「4級」模擬テスト

APPENDIX 付表

問11 データの要約：箱ひげ図　　　正解　1

　棒グラフから情報を読み取り，箱ひげ図をその情報をもとにかけるかを問う問題である。

　箱ひげ図はデータを小さいほうから大きさの順に並べ，最小値，第1四分位数，第2四分位数（＝中央値），第3四分位数，最大値により作成する。箱は第1四分位数，第3四分位数より作り，中央値を中に示す。箱から最小値または最大値に線（ひげ）を引く。

　与えられたデータをみると，最小値は1.0L，最大値は7.1Lである。また大きいほうの2つの都道府県を除き，同様の値が続くため，データのばらつきは小さく，箱ひげ図の箱の大きさは狭くなることがわかる。また分布の中心は2L周辺であることも読み取れる。

①：正しい。上と矛盾しないのはこれだけなので正しい。
②：誤り。分布の中心がずれているので誤り。
③：誤り。箱が大きい。分布の中心がずれているので誤り。
④：誤り。箱が大きい。分布の中心が若干ずれているので誤り。
⑤：誤り。箱が大きい。分布の中心がずれているので誤り。

　よって，正解は①である。

問12 クロス集計表：クロス集計表の読み取り　　　正解　4

　シートベルトをしめていなかった人で亡くなったり重傷を負ったりした人数とシートベルトをしめていた人で亡くなったり重傷を負ったりした人数を比較すればよいことがわかる。前者は1,722人,後者は229人いるが,この数字を単純に比較して,1,722人のほうが229人よりも多いから，シートベルトをしめることが大切だとはいえない。それは，シートベルトをしめていなかった人数（9,565人）とシートベルトをしめていた人数（2,050人）が異なるからである。そのため，シートベルトをしめていなかった人全体の中での死亡・重傷者の割合 $\left(\dfrac{1722}{9565}\right)$ と，シートベルトをしめていた人全体の中での死亡・重傷者の割合 $\left(\dfrac{229}{2050}\right)$ を比べる必要がある。

　よって，正解は④である。

複合グラフの読み取りに関する問題である。

（ア）誤り。1994 年度の犬・猫の殺処分総数は $(493 + 302) \times \dfrac{96.3}{100} = 765.585$ 〔千頭〕

で，2015 年度の殺処分総数は $(47 + 90) \times \dfrac{60.6}{100} = 83.022$ 〔千頭〕であるから，ほ

とんど変化がないとはいえない。

（イ）誤り。1994 年度の犬・猫の引取り総数に対する猫の引取り数の割合は，

$$\dfrac{302}{493 + 302} \times 100 = 37.98\cdots = 38.0 \ 〔\%〕$$

1995 年度の割合は，

$$\dfrac{304}{458 + 304} \times 100 = 39.89\cdots = 39.9 \ 〔\%〕$$

であるから，1994 年度から 1995 年度にかけては増加しているので，1994 年度から 2015 年度にかけて毎年減少しているとはいえない。

（ウ）正しい。積み上げ棒グラフの高さをみると，確かに 1994 年度から 2015 年度にかけて毎年減少していることがわかる。

以上から，正しい記述は（ウ）のみなので，正解は④である。

それぞれについて 1980 年を 100 とした 2005 年の指数を求めると次のようになる。

$$（入浴料の指数）= \dfrac{400.0}{195.0} \times 100 = 205.128\cdots$$

$$（うどんの指数）= \dfrac{493.0}{275.0} \times 100 = 179.272\cdots$$

$$（はがきの指数）= \dfrac{50.0}{20.0} \times 100 = 250$$

以上より，（はがきの指数）＞（入浴料の指数）＞（うどんの指数）である。

よって，正解は④である。

問15 確率の基礎：確率の意味　　　正解 3

　確率の基本事項を正しく理解しているかを問う問題である。

（ア）正しい。A君が当たる確率は $\frac{2}{10}$，B君が当たる確率は $\frac{2}{10}$ である。

（イ）正しい。起こり得るすべての場合の数は，$10 \times 9 = 90$〔通り〕である。そのうち，

- （1）A君当たり，B君当たりの場合の数は，$2 \times 1 = 2$〔通り〕
- （2）A君当たり，B君外れの場合の数は，$2 \times 8 = 16$〔通り〕
- （3）A君外れ，B君当たりの場合の数は，$8 \times 2 = 16$〔通り〕

A君が当たる確率は $\frac{(2+16)}{90} = \frac{18}{90}$，B君が当たる確率は $\frac{(2+16)}{90} = \frac{18}{90}$ である。

（ウ）誤り。起こり得るすべての場合の数は100〔通り〕である。そのうち，

- （1）A君当たり，B君当たりの場合の数は，$2 \times 1 = 2$〔通り〕
- （2）A君当たり，B君外れの場合の数は，$2 \times 9 = 18$〔通り〕
- （3）A君外れ，B君当たりの場合の数は，$8 \times 3 = 24$〔通り〕

A君が当たる確率は $\frac{(2+18)}{100} = \frac{20}{100}$，B君が当たる確率は $\frac{(2+24)}{100} = \frac{26}{100}$ であり，A君よりもB君が当たる確率のほうが高い。

　以上から，正しい記述は（ア）と（イ）のみなので，正解は③である。

付表1. 標準正規分布の上側確率

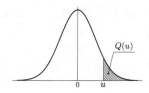

u	.00	.01	.02	.03	.04	.05	.06	.07	.08	.09
0.0	0.5000	0.4960	0.4920	0.4880	0.4840	0.4801	0.4761	0.4721	0.4681	0.4641
0.1	0.4602	0.4562	0.4522	0.4483	0.4443	0.4404	0.4364	0.4325	0.4286	0.4247
0.2	0.4207	0.4168	0.4129	0.4090	0.4052	0.4013	0.3974	0.3936	0.3897	0.3859
0.3	0.3821	0.3783	0.3745	0.3707	0.3669	0.3632	0.3594	0.3557	0.3520	0.3483
0.4	0.3446	0.3409	0.3372	0.3336	0.3300	0.3264	0.3228	0.3192	0.3156	0.3121
0.5	0.3085	0.3050	0.3015	0.2981	0.2946	0.2912	0.2877	0.2843	0.2810	0.2776
0.6	0.2743	0.2709	0.2676	0.2643	0.2611	0.2578	0.2546	0.2514	0.2483	0.2451
0.7	0.2420	0.2389	0.2358	0.2327	0.2296	0.2266	0.2236	0.2206	0.2177	0.2148
0.8	0.2119	0.2090	0.2061	0.2033	0.2005	0.1977	0.1949	0.1922	0.1894	0.1867
0.9	0.1841	0.1814	0.1788	0.1762	0.1736	0.1711	0.1685	0.1660	0.1635	0.1611
1.0	0.1587	0.1562	0.1539	0.1515	0.1492	0.1469	0.1446	0.1423	0.1401	0.1379
1.1	0.1357	0.1335	0.1314	0.1292	0.1271	0.1251	0.1230	0.1210	0.1190	0.1170
1.2	0.1151	0.1131	0.1112	0.1093	0.1075	0.1056	0.1038	0.1020	0.1003	0.0985
1.3	0.0968	0.0951	0.0934	0.0918	0.0901	0.0885	0.0869	0.0853	0.0838	0.0823
1.4	0.0808	0.0793	0.0778	0.0764	0.0749	0.0735	0.0721	0.0708	0.0694	0.0681
1.5	0.0668	0.0655	0.0643	0.0630	0.0618	0.0606	0.0594	0.0582	0.0571	0.0559
1.6	0.0548	0.0537	0.0526	0.0516	0.0505	0.0495	0.0485	0.0475	0.0465	0.0455
1.7	0.0446	0.0436	0.0427	0.0418	0.0409	0.0401	0.0392	0.0384	0.0375	0.0367
1.8	0.0359	0.0351	0.0344	0.0336	0.0329	0.0322	0.0314	0.0307	0.0301	0.0294
1.9	0.0287	0.0281	0.0274	0.0268	0.0262	0.0256	0.0250	0.0244	0.0239	0.0233
2.0	0.0228	0.0222	0.0217	0.0212	0.0207	0.0202	0.0197	0.0192	0.0188	0.0183
2.1	0.0179	0.0174	0.0170	0.0166	0.0162	0.0158	0.0154	0.0150	0.0146	0.0143
2.2	0.0139	0.0136	0.0132	0.0129	0.0125	0.0122	0.0119	0.0116	0.0113	0.0110
2.3	0.0107	0.0104	0.0102	0.0099	0.0096	0.0094	0.0091	0.0089	0.0087	0.0084
2.4	0.0082	0.0080	0.0078	0.0075	0.0073	0.0071	0.0069	0.0068	0.0066	0.0064
2.5	0.0062	0.0060	0.0059	0.0057	0.0055	0.0054	0.0052	0.0051	0.0049	0.0048
2.6	0.0047	0.0045	0.0044	0.0043	0.0041	0.0040	0.0039	0.0038	0.0037	0.0036
2.7	0.0035	0.0034	0.0033	0.0032	0.0031	0.0030	0.0029	0.0028	0.0027	0.0026
2.8	0.0026	0.0025	0.0024	0.0023	0.0023	0.0022	0.0021	0.0021	0.0020	0.0019
2.9	0.0019	0.0018	0.0018	0.0017	0.0016	0.0016	0.0015	0.0015	0.0014	0.0014
3.0	0.0013	0.0013	0.0013	0.0012	0.0012	0.0011	0.0011	0.0011	0.0010	0.0010
3.1	0.0010	0.0009	0.0009	0.0009	0.0008	0.0008	0.0008	0.0008	0.0007	0.0007
3.2	0.0007	0.0007	0.0006	0.0006	0.0006	0.0006	0.0006	0.0005	0.0005	0.0005
3.3	0.0005	0.0005	0.0005	0.0004	0.0004	0.0004	0.0004	0.0004	0.0004	0.0003
3.4	0.0003	0.0003	0.0003	0.0003	0.0003	0.0003	0.0003	0.0003	0.0003	0.0002
3.5	0.0002	0.0002	0.0002	0.0002	0.0002	0.0002	0.0002	0.0002	0.0002	0.0002
3.6	0.0002	0.0002	0.0001	0.0001	0.0001	0.0001	0.0001	0.0001	0.0001	0.0001
3.7	0.0001	0.0001	0.0001	0.0001	0.0001	0.0001	0.0001	0.0001	0.0001	0.0001
3.8	0.0001	0.0001	0.0001	0.0001	0.0001	0.0001	0.0001	0.0001	0.0001	0.0001
3.9	0.0000	0.0000	0.0000	0.0000	0.0000	0.0000	0.0000	0.0000	0.0000	0.0000

$u = 0.00 \sim 3.99$ に対する，正規分布の上側確率 $Q(u)$ を与える。
例：$u = 1.96$ に対しては，左の見出し 1.9 と上の見出し .06 との交差点で，
$Q(u) = 0.0250$ と読む。表にない u に対しては適宜補間すること。

■**統計検定ウェブサイト**：https://www.toukei-kentei.jp/

●**本書の内容に関するお問合せについて**

　本書の内容に誤りと思われるところがありましたら，まずは小社ブックスサイト（books.jitsumu.co.jp）中の本書ページ内にある正誤表・訂正表をご確認ください。正誤表・訂正表がない場合や訂正表に該当箇所が掲載されていない場合は，書名，発行年月日，お客様の名前・連絡先，該当箇所のページ番号と具体的な誤りの内容・理由等をご記入のうえ，郵便，FAX，メールにてお問合せください。

　〒163-8671　東京都新宿区新宿1-1-12　　実務教育出版　第二編集部問合せ窓口
　FAX：03-5369-2237　　　　E-mail：jitsumu_2hen@jitsumu.co.jp

【ご注意】
※電話でのお問合せは，一切受け付けておりません。
※内容の正誤以外のお問合せ（詳しい解説・受験指導のご要望等）には対応できません。

●**責任執筆者**
3 級　竹内光悦（実践女子大学教授），姫野哲人（滋賀大学准教授），
　　　久保田貴文（多摩大学教授）
4 級　深澤弘美（東京医療保健大学教授），及川久遠（四天王寺大学教授）

日本統計学会公式認定

統計検定 3 級・4 級　公式問題集［CBT対応版］

2023年 7 月10日　初版第 1 刷発行　　　　　　　　　　　　　　〈検印省略〉
2024年 9 月10日　初版第 3 刷発行

編　者　一般社団法人　日本統計学会　出版企画委員会
著　者　一般財団法人　統計質保証推進協会　統計検定センター
発行者　淺井　亨

発行所　株式会社　実務教育出版
　　　　〒163-8671　東京都新宿区新宿1-1-12
　　　　☎編集　03-3355-1812　　販売　03-3355-1951
　　　　振替　00160-0-78270
組　版　ZACCOZ
印　刷　シナノ印刷
製　本　東京美術紙工